自然保護

その生態学と社会学

吉田正人 著
Masahito Yoshida

地人書館

目　次

はじめに

第1章　自然保護の歴史と概念

I　自然保護の概念 ……………………………………………………………… 2
　1. 保存と保全 ………………………………………………………………… 2
　2. 持続可能な開発 …………………………………………………………… 4
　3. 生物多様性 ………………………………………………………………… 6
　4. 自然再生・復元（R型自然保護）………………………………………… 7
II　米国の自然保護の歴史 …………………………………………………… 10
　1. 保存主義（Preservation, Protection）………………………………… 10
　2. 保全主義（Coservation）………………………………………………… 12
　3. 環境主義（Environmentalism）………………………………………… 15
III　日本の自然保護の歴史 …………………………………………………… 17
　1. 明治の近代化と自然保護 ………………………………………………… 17
　2. 尾瀬から始まった戦後の自然保護 ……………………………………… 18
　3. 風景・学術的価値の保護から，生態系・生物多様性の保護へ ……… 21

第2章　森林生態系の保全と再生

I　森林生態系のしくみ ……………………………………………………… 24
　1. 森林の地理的分布 ………………………………………………………… 24
　　1）地球上の森林の分布　24　　2）日本における森林の分布　26
　2. 森林の空間構造と時間的変化 …………………………………………… 28

Ⅱ　森林生態系の保全と再生 ………………………………………………… 32
　　1．国有林の拡大造林政策 ……………………………………………… 32
　　2．白神・知床をきっかけとした政策転換 ………………………………… 33
　　3．保護林の再編と緑の回廊 ……………………………………………… 34
　　4．愛知万博をきっかけとした里山の評価 ………………………………… 39
　　5．森林の保全と再生に係る法制度 ……………………………………… 40

第3章　河川・湖沼生態系の保全と再生

Ⅰ　河川・湖沼の生態 ………………………………………………………… 44
　　1．河川 …………………………………………………………………… 44
　　　　1）世界と日本の河川　44　　2）河川の空間的変化　44
　　　　3）河川の環境と生物　45
　　2．湖沼 …………………………………………………………………… 48
　　　　1）世界と日本の湖沼　48　　2）湖沼の時間的変化　49
　　　　3）湖沼の環境と生物　50
　　3．汽水域 ………………………………………………………………… 51
　　　　1）日本の汽水域　51　　2）汽水域の空間的・時間的変化　52
　　　　3）汽水域の生物　53
Ⅱ　河川・湖沼の保全と再生 ………………………………………………… 54
　　1．ダム等による河川生態系への影響 …………………………………… 54
　　2．川辺川ダムが河川・海域に与える影響 ……………………………… 55
　　3．長良川河口堰問題 …………………………………………………… 57
　　4．河川・湖沼を保全・再生する法制度 ………………………………… 60
コラム　自然復元の7つの条件　62

第4章　海岸・沿岸域の保全と再生

Ⅰ　海岸・沿岸域の生態 ……………………………………………………… 64

1. 海岸 ·· 64
　　2. 沿岸域 ·· 65
　II 海岸・沿岸域の生態系の保全と再生 ··· 68
　　1. 干潟の保全と再生 ··· 68
　　　1) 有明海諫早湾の干拓　68　　2) 東京湾三番瀬の再生　72
　　2. サンゴ礁・海草藻場の保全と再生 ··· 75
　　　1) 沖縄島辺野古のサンゴ礁と海草藻場　75
　　3. 海岸と沿岸域を保全する法制度 ··· 77

第5章　生物多様性の保全と再生

　I 生物多様性とは？ ·· 84
　　1. 生物多様性の定義 ··· 84
　　　1) 生物種の多様性　84　　2) 生物種内の多様性　86
　　　3) 生態系の多様性　87
　　2. 生物多様性の価値 ··· 89
　II 生物多様性の危機 ··· 92
　　1. レッドデータブック ·· 92
　　　1) 世界のレッドデータブック　93
　　　2) 日本のレッドデータブック　94
　　2. 絶滅の回避と保全生物学 ··· 95
　　　1) 衰退しつつある個体群と決定論的要因　95
　　　2) 小さな個体群と確率的要因　97
　　　3) 絶滅を防ぐのに必要な保護地域の条件　98
　III 野生生物を保護するための法制度 ·· 99
　　1. 種の保存法と希少野生動植物保存条例 ······································· 99
　　　1) 種の保存法　100　　2) 地方自治体の希少野生動植物保護条例　103
　　2. 特定外来生物法 ··· 104
　　3. 自然再生推進法 ··· 106

第6章　国際条約による生物多様性の保全

Ⅰ　人類共通の財産を守る〜1970年代の国際条約……………………………… 110
　1. ラムサール条約……………………………………………………………… 110
　2. 世界遺産条約………………………………………………………………… 112
　3. ワシントン条約……………………………………………………………… 116
　4. ボン条約……………………………………………………………………… 118
Ⅱ　生物多様性の持続可能な利用と利益の公正な配分〜1990年代の国際条約……… 119
　1. 生物多様性条約……………………………………………………………… 120
　2. 生物多様性国家戦略………………………………………………………… 123
　3. ミレニアム生態系評価……………………………………………………… 125

最終章　地球の上でよりよく生きるには〜環境倫理

Ⅰ　地球の上でよりよく生きるには……………………………………………… 132
　1. 限りある地球………………………………………………………………… 132
　2. 持続可能な開発・持続可能な社会………………………………………… 132
Ⅱ　地球の上でくらし続けるための環境倫理…………………………………… 133
　1. 世代内倫理…………………………………………………………………… 134
　2. 世代間倫理…………………………………………………………………… 135
　3. 生物間倫理…………………………………………………………………… 137
Ⅲ　おわりに〜知識から行動へ…………………………………………………… 141

参考文献………………………………………………………………………………… 143
団体リスト……………………………………………………………………………… 146
索引……………………………………………………………………………………… 147

は じ め に

　私はいま社会学部で保全生態学を教えています．保全生態学とは，生物種の保存と生態系の健全性の維持を目的とした研究分野であり，自然保護の生態学と言い換えることもできます．自然保護を目的とした研究分野ですので，狭義の生態学だけではなく，社会問題や法制度にまで話は及びます．

　ところで経済学部など文系の学生に生態学を教えている知人と話していて思うのは，生態学というのは理系の学生だけでなく，地球上で生きて行く上で，誰もが教養として知っておくべき科目なのに，文系の学生にもわかりやすい教科書が見当たらないということでした．

　江戸川大学では，前期に基礎生態学，後期に保全生態学というように，30週を使って教えている内容ですが，たまたま東京大学工学部と筑波大学体育芸術学系において，4～6日の集中講義として話をする機会があり，これを文系の学生にもわかりやすい教科書にまとめてみようと思い立ちました．もちろん，理系の学生であっても，自然保護の現場の社会問題に関心のある学生が読んでも興味がもてる内容にするよう心がけました．

　もう一つのきっかけは，1978年から日本自然保護協会が開いている自然観察指導員講習会です．私はこの講習会で自然保護の講義を担当しています．30年前は自然保護に関する法律も少なかったのですが，今では数えきれないほどの自然保護関連の条約，法律，条例などがあり，3時間の講義ではとてもすべてを紹介することはできません．そこで，3時間の講義を補うテキストがほしいと思ったのです．

　第1章「自然保護の歴史と概念」では，私が日本自然保護協会の自然観察指導員講習会の講師として講義している内容を盛り込みました．

　第2章から第4章では，森林，河川・湖沼，海岸・沿岸域という生態系ごとに，前半で各々の生態系の基礎的概念，後半に私が日本自然保護協会の研究員として

かかわったさまざまな社会問題と関係法制度を紹介しました．

　第5章，第6章では，生物多様性の保全という視点から，私がIUCN（国際自然保護連合）の委員としてかかわった，さまざまな国際条約，国内法，条例などについて論じました．

　最終章では，地球の上で持続的に生きるために，環境教育の授業で教えている環境倫理のエッセンスをご紹介しました．生態学という範疇を超えた話になっていますが，地球の上でどう生きるべきかを考える参考にしていただければ幸いです．

　本書の執筆にあたって，地人書館の内田健さんからあたたかいはげましの言葉とアドバイスをいただいたことを心から感謝いたします．

2007年10月1日

江戸川大学社会学部
ライフデザイン学科
教授　吉田正人

第1章
自然保護の歴史と概念

　みなさんは，自然保護という言葉を聞いて，何を連想するだろうか？　野生生物の保護，原生林の保護，里地里山の保全，湿地の復元など，いずれも自然保護の概念の一つである．1992年の地球サミット以来，自然保護という言葉は，生物多様性，気候変動といった新しい環境問題のキーワードに置き換えられることが多くなっている．一方で，自然保護の現場では，在来の生態系や生物種を守るための外来種の駆除，失われた生態系を復元するための自然再生などが話題となり，これまでのように「人が手をつけないことが自然保護」というような単純な図式では自然保護を説明できなくなっている．そこで，まず自然保護の歴史をふりかえりつつ，自然保護という言葉が持つ意味を考えてみよう．

Ⅰ 自然保護の概念

1. 保存と保全

　1956年6月，スコットランドのエジンバラにおいて，歴史的な会議が開催された．IUPN（国際自然保護連合）の第5回総会である．IUPNは，1948年にパリのフォンテーヌブローの森で開催された会議によって設立された世界最大の自然保護団体の連合体であり，現在はIUCNと呼ばれている．そのIUPN（International Union for Protection of Nature）が，この総会において，IUCN（International Union for Conservation of Nature and Natural Resources）と改称したのである．

　保護（Protection）から保全（Conservation）への改称は，何を意味していたのであろうか？　IUCNの事務総長を努めたホルゲイト（Holdgate 1999）は，「英米がProtectionは情緒的過ぎるので，生態学的な根拠に基づいたConservationを使うよう主張した」と述べている．たしかに，動物の個体群生態学を研究した英国の動物学者エルトンや，植物群落の遷移を研究した米国の植物学者クレメンツらによって，英米では生態学を基礎とした自然保護という考え方が確立しつつあったが，ここでは自然保護の対象が自然（Nature）から自然資源（Natural Resources）に広がった点に注目したい．当時の時代背景として，戦後の復興期を経て経済活動が活発になり，自然保護の概念として，美しい風景や珍しい生物の保護だけではなく，森林資源や海洋資源などを枯渇させずに利用するという考え方（現代的に言い換えれば，持続可能な利用Sustainable Use）が求められるようになった．それによって，自然保護の方法も，「手をつけずに守る（保存）」という手法（P型自然保護：PreservationあるいはProtection）から，「上手に利用しながら守る（保全）」という手法（C型自然保護：Conservation）まで拡大することが求められたのである．現在は「過去に損なわれた自然を取り戻す（復元）」という手法（R型自然保護：RestorationあるいはRehabilitation）が脚光を浴びるようになったきた．

　まず，保存と保全という2つの概念について整理してみよう．

○ P型自然保護：保存（Preservation）・保護（Protection）

　保存（Preservation）は，人為の加わっていない原生的な自然や，希少な生物などを，できる限り手をつけずに守ることである．外的な圧力によって，これらの自然が悪影響を受けている場合には，それらの外圧から守ることを保護（Protection）と呼ぶ．

　米国の国立公園では，山火事も自然のプロセスの一部として，自然発生の火災は消火しないことを原則としている．ジャイアントセコイアなどは，自然発生の山火事によってはじめて次世代の若木が育つことができる．このように自然のプロセスにゆだねることを原則とした管理は，保存の典型例であるといえる．

　天然記念物も，学術的価値を持った地形や動植物を保護するため現状の変更を禁じており，保存の典型例ということができる．しかし，指定された動植物の中には，植物遷移の途中相を好むため，人が手を入れないと遷移が進行し，かえって衰退してしまうものもある．雲仙や阿蘇くじゅう国立公園などに生育するミヤマキリシマは，牛馬の放牧によってできた植物群落だが，放牧が行われなくなると，他の樹木との光をめぐる競争に負けてしまう．このように，人が手を入れて維持される動植物は，保存型よりもむしろ保全型の管理が必要になる．そこで，天然記念物制度も，これまでのように現状変更を禁止するだけではなく，伝統的に行われてきた生息地管理を許容するようになっている．

○ C型自然保護：保全（Conservation）

　保全は，人為を加えながら持続的に利用することが可能な自然地域において，

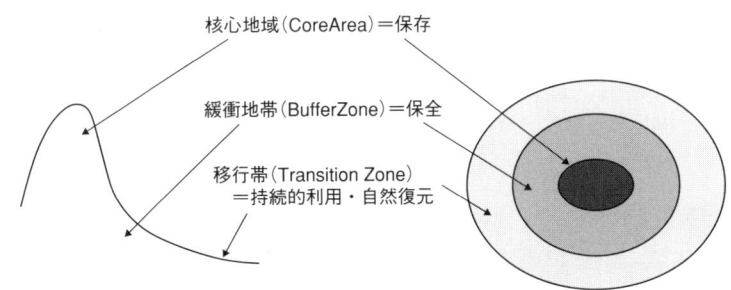

図1-1　保存（Preservation）と保全（Conservation）
（ユネスコの生物圏保存地域モデルより）

資源を枯渇させないように，上手に利用しながら守ることである．出漁時間を決めて資源が枯渇しないように沿岸を利用している北海道のコンブ漁や，伝統的な放牧や火入れによって維持されてきた阿蘇の草原などは，保全の典型例であろう．しかし，現代では農山村の人口減少や高齢化によって，伝統的な里山管理などの手入れを行うことが難しくなってきている．

　保存と保全は対立する概念ではなく，広義の保全の中に保存が組み込まれていると考えるべきである．保全は原則として持続的な利用を認めているが，持続的に利用することが困難であると考えられるときには，一時的に利用を制限する，あるいは全く利用しないという選択肢も含んでいる．それを保存と考えることができる．

　ユネスコが提唱する生物圏保存地域（Biosphere Reserve）は，コアエリア（核心地域）を取り囲むバッファーゾーン（緩衝帯）とトランジッションゾーン（移行帯）を持つ保護地域として100カ国に480カ所が登録されている．コアエリアは，典型的な生物圏や遺伝子資源の保存のため，できる限り人為を加えない保存型の管理が求められる．トランジッションゾーンでは，コアエリアへの悪影響を及ぼさない限り，持続的な利用が認められる．バッファーゾーンは，外部からの影響をコアエリアに及ぼさないために設けられている．このように保全地域の中には，手を加えない保存型の地域と，持続的な利用が認められる保全型の地域が同時に存在している（図1-1）．

2. 持続可能な開発

　1980年にIUCNは，WWF（世界自然保護基金），UNEP（国連環境計画）とともに，世界環境保全戦略（World Conservation Strategy）を発表した．この中でIUCNは，世界的な保全の概念を，持続可能な開発（Sustainable Development）という言葉に置き換えた．これは，地球規模の環境問題が，環境汚染，資源開発，過剰利用など，先進国の社会問題であると同時に，人口問題，食糧問題など途上国の貧困に起因する問題であるという認識に基づいている．先進国の浪費と途上国の貧困の両方を解決できない限り，環境問題の解決にはつながらない．先進国

において持続可能な社会を実現すると同時に，途上国においては持続可能な開発を認め，森林資源の切り売りや都市のスラム化などを防止する必要がある．1992年のリオサミットにおいても，2002年のヨハネスブルグサミットでも，持続可能な開発は最重要課題となり，保全という言葉に置き換わってしまった感があるが，もともと世界保全戦略の一環として打ち出された概念なのである．

○ **持続可能な開発（Sustainable Development）**

将来の世代のニーズを満たす能力を損なうことなく，現代の世代のニーズを満たすような開発．1980年にIUCN，WWF，UNEPが発表した世界保全戦略で最初に提案され，1987年のブルントラント委員会（環境と開発に関する世界委員会）の報告書『地球の未来を守るために（Our Common Future）』の中心概念とされた．さらに1992年のリオサミット（環境と開発に関する国連会議）を受けて開かれた，2002年のヨハネスブルグサミット（持続可能な開発に関する世界首脳会議）では主要議題となり，日本政府は「持続可能な開発のための教育の10年」を提案し，2005年から実施に移されている．

○ **持続可能な利用（Sustainable Use）・賢明な利用（Wise Use）**

持続可能な利用（Sustainable Use）あるいは賢明な利用（Wise Use）といった用語も，本来，保全と同義である．しかし，保全が自然保護を表現する言葉として一般的に使われるようになると，保全だけでは「資源を枯渇しないように利用する」というニュアンスが伝わらなくなり，新しい言葉を創造して，保全の本来の意味を表現するようになった*1．

---

*1 これを逆手にとり，持続的な利用が難しい地域や生物種にまで，この考え方をあてはめ，「利用しない人は賢明でない」という論法がある．日本では，「賢明な利用」と言えば，ラムサール条約の「賢明な利用の原則」のことを指し，本来の保全とほぼ同義に使われるが，米国で「賢明な利用」という言葉を聞いたときは注意が必要である．本来，利用を制限すべき希少種の生息地などでさえ，経済的に利用したいという業界が，自然保護団体を批判するときに，この言葉が使われることがあるからである．また，ワシントン条約で取引が規制されている商業的な価値のある大型動物（たとえばクジラやゾウ）に対して，「持続的な利用」という言葉が使われるときも注意が必要である．商業的な利用価値のある大型動物は，密猟監視が難しい地域に生息し，個体群の増加率が低いために，乱獲によって絶滅に瀕する可能性が高い．果たして，持続的に利用できるレベルまで増加しているのか，捕獲を上まわる増加が見込めるのか，密猟監視は可能なのか，などを考えずに，持続的な利用を主張することは，本来の保全の意味と同義とはいえない．

3. 生物多様性

　1986年米国科学アカデミーが主催した生物多様性に関する全国フォーラムにおいて，生物多様性（Biodiversity）という言葉が初めて使われた．もともと生物学的多様性（Biological Diversity）という専門用語はあったのだが，それを生物多様性（バイオダイバーシティ）と縮めることで，この言葉は自然保護のスローガンとなり，自然保護団体はもとより，国際援助機関，政府，経済界，マスメディアなどあらゆる分野の人々が使うようになった．この言葉の生みの親の一人でもある昆虫学者のエドワード・ウィルソンは，「（この会議から）生物多様性という焦点が，実にさまざまな分野にまたがる共通の関心として認識された」と述べている（タカーチ2006）．

　生物多様性は，38億年に及ぶ生物進化のたまものであり，歴史的な存在である．人類は，数千万～1億種といわれる地球の生物種のうち，約170万種しか識別していない．生物多様性のほとんどは，いまだ未解明のままなのである．そういった意味で，生物多様性はたくさんの図書が収蔵されている図書館にたとえられる．生物資源が書店に並んでいるベストセラーだとすれば，生物多様性はまだ読まれていないがいつか人類の役に立つ知識がつまった図書かもしれない．ベストセラーだけ残して，あとの図書は焼いてしまってもいいという人はいないだろう．

　生物多様性には，生物種のレベルだけではなく，生物種から構成される生物群集や生態系レベル，また，種の中に内包されている遺伝子レベルの変異性を含んでいる．また，生物多様性といった場合には，単に保全だけでなく持続的な利用や利益の公平な配分を意味する．このことで，生物多様性という言葉は魔法の力を持つことになった．先進国の自然保護団体には，これまで原生林の保護，野生生物の保護などと呼んで来た概念が，生物多様性という一言でいえてしまう便利な言葉として映った．一方，途上国の人々は，生物多様性の公平な利用という言葉によって，これまで先進国が一方的に途上国から持ち出していった生物の代償として遺伝子技術を支援してほしいという期待を持ったのである．

　1991年に日本自然保護協会が創立40年を記念して開催した国際セミナーのゲストとして来日した，コスタリカの環境大臣アルベルト・ウマーニャは，国立公園

で発見された植物などを米国の製薬会社メルコ社に提供し，商品化できた場合には利益の一部をコスタリカの国立公園に還元するという契約を結んだと発表し，日本の経済紙にも紹介された．また，1992年のリオサミットで生物多様性条約が採択された際に，NGOどうしが意見交換するNGOフォーラムが並行して開かれたが，ここでもブラジルの大学生が，留学して生物多様性を学びたい，これからはバイオテクノロジーが必要だからと語っていたことが思い出される．

　2002年には，新・生物多様性国家戦略がたてられ，鳥獣保護法や自然公園法の中にも，生物多様性という言葉が盛り込まれるなど，日本でもようやくこの言葉が定着してきた．保全という言葉が，生物多様性に置き換えられてしまった感もあるが，自然保護という言葉にアレルギーを持つ人々にまで，その価値を伝えやすくなったという点で，生物多様性はパワフルな自然保護の概念であるといえるだろう．

○ **生物多様性（Biodiversity）**

　生物多様性条約によれば，生物多様性とは，陸上，海洋，陸水あるいはこれらの複合した生態系など，生息生育の場を問わず，あらゆる生物間の変異性を言うもので，種内，種間および生態系の多様性を含むものと定義される．生物資源とは，生物多様性のうち，現在あるいは将来人類が利用可能な生物種，個体群，生態系などを指す．生物多様性条約は，締約国に生物多様性の生息域内保全（野生状態における保全），生息域外保全（動物園植物園などにおける保存），生物多様性の要素の持続的な利用，環境影響評価，遺伝資源の利用と利益の公平な分配などを求めている．また，生物多様性条約第7条h項において，生態系，生息地または種を脅かす外来種の導入の防止などが定められていることから，2004年には特定外来生物法が成立し，外来種による生物多様性への影響を防止する対策がとられている．

4. 自然再生・復元（R型自然保護）

　2002年臨時国会において，自然再生推進法が議員立法として成立した．この法律は，過去に損なわれた生態系その他の自然環境を取り戻すことを目的とした法

律で，地域の多様な主体の参加によって，河川，湿原，干潟，藻場，里山，里地，サンゴ礁などの自然環境を保全，再生，創出又は維持管理することを求めている．この法律に基づき，各地で自然再生事業が行われているが，自然再生と保全はどのような関係にあるのだろうか？

2002年11月にスペインのバレンシアで開催された第8回ラムサール条約締約国会議では，湿地再生のガイドラインが採択された．ガイドラインは，「現存する湿地の維持及び保全は，失われた湿地を復元するよりも，常に望ましくかつ経済的である」とする第4回締約国会議の決議を引用しながら，湿地再生にあたって，再生の目標を明確にすること，生態技術を優先すること，モニタリングと順応的管理を実施することなどを条件として掲げている．

ガイドラインには，復元（Restoration）が攪乱を受ける前の状態に戻ることを意図したものであるのに対して，回復（Rehabilitation）は必ずしも攪乱を受ける前の状態に戻ることを意図しない湿地機能の改善であるとした上で，条約の中でも二つの用語は互換性のあるものとして使われていると述べている．

自然再生推進法においては，保全，再生，創出又は維持管理が並列的に並べられているが，ラムサール条約においては，維持・保全＞復元・回復＞創出と，優先順位が明確に示されている．

ここで，もう一度，自然再生・復元（R型自然保護）に関する用語を整理してみよう（図1-2）．

○ 復元（Restoration）

劣化した生態系を，環境汚染，埋め立て，外来種などによる攪乱を受ける前の状態に戻すことを意図した自然再生．生態系の機能のみならず，その構成要素である生物多様性（生態系の構造）の再生も目標とすることが回復との違いである．しかしながら，一度失われた生物多様性を再生することは容易ではない．失われた生物種の再導入にあたっては，失われる前に存在した生物種との系統的な違いにも考慮する必要がある．

○ 回復（Rehabilitation）

劣化した生態系の機能の改善を目標とした自然再生．攪乱を受ける前の状態に戻すことを必ずしも意図していない場合と，攪乱を受ける前の状態に戻すことを

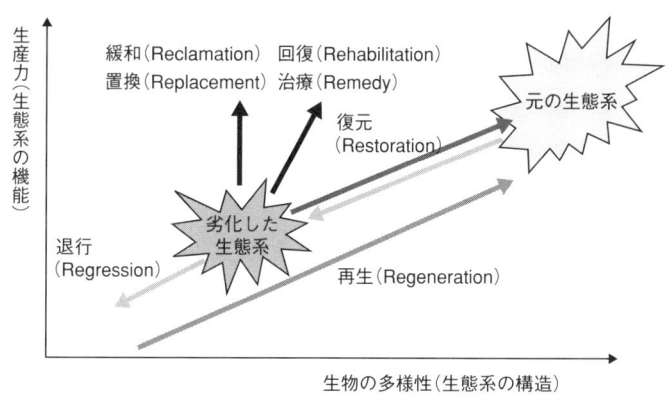

図1-2　自然復元（Restoration）の概念（Bradshaw1987を一部改変）

意図しながら途中段階にある場合とが考えられる．たとえば，干潟の底生生物の現存量の増加によって浄化機能の改善が見られた状態を機能の回復，水質の改善によって藻場の再生などが図られ，攪乱を受ける前の生物が回復できた状態を復元と呼ぶことができるだろう．

○ 創出・再生

　創出は，失われた生態系あるいは新たに設計した生態系を最初から創り出すこと．失われた生態系については，きちんとした記録が残されていないことが多く，結果的に新たに設計した生態系の創出とならざるを得ない場合もある．明治神宮の森は，代々木練兵場に新たに創出された森林生態系であるが，日比谷公園の設計者でもある本多静六博士が植物遷移を考慮して設計したため，あたかも明治以前から存在している森のように感じられる．

　再生は，狭義には失われた生態系を最初から創り直すことを指すが，最近は自然再生推進法に定義されているように，保全，復元・回復，創出などを含めた広義の概念として使われることが多くなっている．

II 米国の自然保護の歴史

　前項で紹介した自然保護の概念を学ぶには，その概念が成立した歴史的な背景を知る必要がある．そこで，いくつかの概念について，少し詳しく見て行こう．まず，国立公園や絶滅危惧種法など，日本の自然保護制度にも大きな影響を与えた米国の環境史から，自然保護の歴史をひもといてみることにする．米国の環境史においては，保存主義，保全主義，環境主義の3つの段階があるといわれている（鬼頭 1996）．

1. 保存主義（Preservation, Protection）

　1872年に世界初の国立公園であるイエローストーン国立公園設立に先立って，1870年にヘンリー・ウォッシュバーン率いる探検隊が調査を行った．その一員であった，コーネリアス・ヘッジス判事が，キャンプファイアーを囲んだ話の中で，このすばらしい自然を商業的な開発にまかせるのではなく，市民や世界中からの訪問者のために，国立公園（National Park）として残すべきだと提案した．

　ヘッジス判事のロマンチックな提案を受けとめるだけの下地は，米国東海岸で活躍したR.W.エマーソンやH.D.ソローら超絶主義文学者によって作られていた．エマーソンは，「自然は神と直接対話することができる寺院である」と書き，ソローは「文明の進化は人間の精神を弱める」と警告した．また，西海岸でシェラネバダ山脈を探検し，その記録を出版したジョン・ミュアは，「原生自然こそ人間の精神形成に欠かせないものだ」と述べている（Van Dyke 2003）．

　国立公園制度は，米国から世界中に広がり，日本でも1931年に国立公園法が成立し，1934年には雲仙，阿蘇，霧島，瀬戸内海，日光などが国立公園に指定された．しかし，米国の国立公園の発想と大きく異なるのは，日本の国立公園が美しい風景を保護することを目的としているのに対して，米国の国立公園は最初から原生自然（ウィルダネス）の保護が盛り込まれていることである．この違いを説明するため，米国において原生自然の保護に貢献したジョン・ミュアの足跡をた

ジョン・ミュア（1838—1914）

どってみよう．

　ジョン・ミュアは，1838年にスコットランドに生まれ，11歳の時に家族とともに米国にわたった．ウィスコンシン大学で学んでいたが，南北戦争が勃発．ミュアは，戦争にかかわるのを避けるため，カナダのロッキー山脈に旅に出る．29歳の時，発明の最中に一時的に失明状態となった．失明中，自分が一番，目で確かめたいものは，原生自然であることに気づき，視力回復後，長い旅に出かける．30歳の時，サンフランシスコに上陸し，シェラネバダ山脈の地質や動植物を研究した．ヨセミテ渓谷が氷河の浸食によってできた地形であると主張し，大学教授のホイットニーとの論争に勝利したことで彼の名声が高まった．1875年にはジャイアントセコイヤの森を伐採から守る運動を始め，その成果として1890年にヨセミテ国立公園やセコイヤ国立公園が指定された．

　1892年には米国の自然保護団体の一つであるシェラクラブを設立したが，ヨセミテ国立公園内にヘッチ・ヘッチーダム計画が持ち上がる．ジョン・ミュアはダム建設に反対して，1903年にはルーズベルト大統領とも会った．しかし，1906年のサンフランシスコ大地震の後，災害復興のために水源開発が不可欠という意見が強くなり，1913年にウィルソン大統領から建設許可が降り，1914年，ミュアは失意のうちにこの世を去った．

　この問題は，「保存」対「保全」の対立として捉えられることが多い（鬼頭 1996, Van Dyke 2003）．原生自然を守ることを主張したミュアが保存主義，自然

の賢明な利用を主張した森林局長官ピンショーが保全主義であるという対比である．このような対比をすると，保存が善であって，保全は自然破壊を容認する悪であるかのように，誤解されてしまうおそれがある．前述のように，保存がふさわしいか，保全がふさわしいかは，対象とする自然がどのような自然であるかによる．ジョン・ミュアが守ろうとしたヘッチ・ヘッチー渓谷は国立公園でもあり，原生自然を手つかずに守るという保存が優先する．保全主義者であるルーズベルト大統領でさえ，このダム計画にはゴーサインは出さなかった．

では，保全主義というのはどのような主張かを，セオドア・ルーズベルトとアルド・レオポルドの足跡をたどることで見てみよう．

2. 保全主義（Conservation）

保全という言葉を，最初に自然保護の意味に用いたのは，『森の生活』を著した米国の思想家ヘンリー・デビット・ソロー（1817−1862）であるといわれる．しかし，米大陸に入植した人々が競って開拓をすすめていた時代にあって，自然を保全するという考え方は，なかなか受け入れられるものではなかった．

保全を米国の政策の中に位置づけたのは，第26代大統領のセオドア・ルーズベルト（1858−1919）である．1858年にニューヨークに生まれたルーズベルトは，子供時代，喘息の療養のため山野を歩くようになり，自然への親しみを深めていった．ハーバード大学では，生物学と政治学の両方を学んだ異色の経歴をもつ大統領である．24歳でニューヨーク州議会議員に当選するが，2年後，妻と母を同時に亡くすという悲劇を体験する．そのため，しばらく西部の原生地帯に旅に出てから，28歳になってニューヨークに戻り，幼なじみと再婚し，再び政治家を目指した．40歳でニューヨーク州知事となり，マッキンリー大統領の暗殺に伴い，弱冠42歳で副大統領から大統領となった．ルーズベルト大統領の自然保護施策には，このような少年期，青年期の体験が背景にある．

ルーズベルトは，1901年に大統領に就任すると森林部を森林局に格上げし，1989年に森林部長となっていたギフォード・ピンショー（1865−1946）を長官にして，森林保護施策をすすめる．当時米国の西部の森林開発は，伐採して放置す

ジョン・ミュア（右）とセオドア・ルーズベルト（1858—1919）

るだけの無秩序な乱伐であった．ルーズベルトの政治哲学は，すべての自然利用は公平でなくてはならないというものであった．また，ピンショーの保全の考え方は，森林を人間の必要性にあわせて，最大限効率的に利用するという考え方である．彼らは，自然の公平で持続的な利用こそ保全であるという「自然資源保全倫理」に基づいて，10年後には，森林局スタッフを10倍の1,500人に拡大，国有林は600万km²に拡大した．

　ルーズベルトの自然保護施策として注目されるのは，国立野生生物保護区（National Wildlife Refuge）を作ったことである．1902年にフロリダ州にわずか1.2haのペリカン島保護区を作ったのをきっかけに，任期中に52の野生生物保護区が指定された．国立野生生物保護区は，魚類野生生物局の野生生物保護区システムにひきつがれ，現在では全米に500カ所，80万km²の保護区が，700種の鳥類，220種の哺乳類，250種の爬虫類，200種の魚類の生息地を提供している．

　森林局の職員として，野生生物保護管理（Wildlife Management）の思想をまとめたのが，アルド・レオポルド（1887－1948）である．レオポルドは，アイオワ州に生まれ，イェール大学で林学を学び，森林局職員となった．彼は，当初，自然保護とは，最も効率的に最大収量を得ることだという自然資源保全倫理を疑わなかった．しかし，森林局職員として，さまざまな経験をするうちに，人間は土地（生態系）の征服者である立場をすてて，共同体の一員として，共同体やそ

の仲間への敬意を持ってふるまうべきであるという土地倫理（Land Ethics）の思想を持つようになる．彼は，晩年の著書『野生のうたが聞こえる（Sand County Almanac）』（レオポルド 1949）の中で，次のようなことを書いている．「当時，森林官はシカ資源を増やすために，オオカミやピューマなどの捕食者を見つけ次第，射殺するのが常識であった．しかし，ある時，撃った母オオカミの目からいままさに緑の炎が消えかかっているのを見たとき，野生生物の数を人間が管理できるという傲慢な考え方は間違っていたと直感した．」実際，グランドキャニオン北岸に広がるカイバブ高原で，捕食者を失ったシカの個体数が増えすぎて，植生破壊によってシカが激減するという事態を目の当たりにして，彼はそれを確信した．41歳でウィスコンシン大学に移ったレオポルドは，野生生物保護管理を科学的に教えるとともに，砂の土地と呼ばれる農地に掘っ建て小屋をたてて，農作業と執筆活動に専念する．ここで書かれたのが，土地倫理を提唱した代表作『野生のうたが聞こえる（Sand County Almanac）』である．

　ここで注目すべきは，レオポルドは保全という立場を捨てて，ミュアのような保存主義に改宗したというわけではないという点である．レオポルドは，晩年，原生自然協会（ウィルダネス協会）の創立にかかわり，それが1964年の原生自然法（ウィルダネスアクト）につながるなど，原生地域を保存するミュアの系譜も引き継いでいる．しかし，牧草地や森林など，二次的な自然の生態系管理に対しても，土地倫理という思想を確立することによって，土地所有者であればどのような生態系破壊も許されるという人間の傲慢を諫め，共同体の一員という立場で生態系管理を行うことを提唱した点に注目すべきである．

　米国の魚類野生生物局は，1973年の絶滅危惧種法を実行する連邦機関だが，民有地に生息する絶滅危惧種の保護のため，35の州の土地所有者と協力関係をむすび，7億円を支出している．また，ネイチャーコンサーバンシーなどの自然保護団体は，買い取りや保存契約によって得た60万km^{2}もの土地を，会員や土地所有者の管理活動によって維持している．これらの生態系管理活動の思想的な根源は，レオポルドの土地倫理に求めることができる．

　日本では，保全主義は人間の立場にたった功利主義と考えられ，保存主義の純粋さに比べて評価が低いが，このような「倫理観を伴った保全」については，も

っと高く評価されるべきであろう.

では次に，魚類野生生物局の職員でもあったレイチェル・カーソンの足跡をたどって，環境主義について考えてみよう.

3. 環境主義 (Environmentalism)

　これまで述べてきた自然保護の問題は，人間活動による自然生態系への影響あるいは働きかけの問題であったが，1950−60年代の経済成長に伴って，大気汚染，水質汚染，土壌汚染など，生態系の汚染が人間の健康にまで影響を及ぼす問題（いわゆる公害問題）が大きな問題となってきた．1980−90年代になると，グローバル経済の発展に伴い，環境汚染は地球規模に広がり，酸性雨，砂漠化，オゾン層破壊，地球温暖化，生物多様性の喪失などが，地球環境問題としてクローズアップされてきたのである.

　ここで自然保護と環境問題との違いについて詳しく述べることは避けるが，環境という用語は，人間という主体に対してそれをとりまく環境という意味で使われており，沼田眞（1994）のいう「主体―環境系」の文脈の中で理解されるものである．つまり，主体があるからこそ環境があるのであり，地球上の生物種の数だけ，それぞれの環境がある．そして，私たち人類が環境というときは，一般的に人類にとっての環境を指している.

　もし，19世紀の保存主義者が生きていれば，「人類の影響は極力少なくすべきだ」と言うだろう．人類がいなくなってしまえば，自然は残るが，人類にとっての環境問題そのものがなくなってしまうのだから．では，保全主義者はどう言うだろうか．倫理観を伴った保全主義者であれば，「地球の生態系の一員として，人間は環境汚染を防止し，失われた生態系を取り戻す責任がある」というだろう．それが環境主義である.

　レイチェル・カーソン（1907−1964）は，いうまでもなく，1962年に『沈黙の春』を著し，化学物質による生態系に与える影響に対して警鐘を鳴らした科学者である.

　1907年にペンシルバニア州で生まれ，海を知らずに育ったカーソンは，メリー

レイチェル・カーソン
(1907—1964)

ランド大学の海洋研究所で海の生物の魅力にとりつかれ，海洋生物学者になる夢を抱く．しかし，父親を亡くし家計を支えなくてはならなくなったため，得意の文才を生かして収入を得る道を探した．たまたま，海洋を普及する魚類野生生物局のラジオ番組の台本を任されたカーソンは，『潮風の下で（Under the Sea Wind)』，『われらを取りまく海（Sea Around Us)』などのすぐれた著書を出版し，これを機会に魚類野生生物局を退職し，著作に専念する．

ガンに冒され，健康のすぐれないカーソンに，全国からたくさんの手紙が届く．どれもDDTなどの化学物質が生態系や生物種に与える影響に関するものであり，カーソンが最後の力をふりしぼって書いた環境汚染への警告が『沈黙の春（Silent Spring)』である．カーソンの警告に対して，農薬会社などからさまざまな根拠のない反論が出されるが，ついにDDTは使用禁止となった．

1964年，ガンのためカーソンは死去するが，彼女の著作は日本を含む世界中の環境運動に大きな勇気を与えた．彼女の業績は，『沈黙の春』をあげるだけで十分だが，最近は，甥のロジャーと海岸の家で過ごした経験を著した『センス・オブ・ワンダー』が，環境教育の分野で有名になった．これらの著作を読むと，米国の環境主義は，保存主義，保全主義など，自然保護の歴史に連なるものと位置づけられる．しかし日本では，自然保護と公害問題は，別々の問題として取り上げられることが多く，二つの潮流が一つになるにはさらに時間が必要であった．

Ⅲ 日本の自然保護の歴史

　日本において天然記念物や国立公園など，近代的な自然保護制度が導入されたのは，明治以後のことである．それ以前にも，万葉集に歌われた標野（しめの）や封建領主による留山または禁山（とめやま）など，王や領主による自然資源の保護（独占）制度はあった．また，農山村における萱場や漁村における地先漁業など，部落総有による自然資源の保護制度もできていた．保全という言葉は知らなくても，みんなが保全（持続可能な利用）を実践していた．それが近代化される前の，日本の姿ではなかったかと思う．

　自然保護という言葉を使って，価値ある自然を守らなくてはならなくなったのは，日本が近代化されたためであるということもできる．

1．明治の近代化と自然保護

　明治の近代化に伴う，自然破壊・環境破壊に対して，立ち上がった人物を挙げるとすれば，田中正造と南方熊楠の二人であろう．

　田中正造（1841-1913）は，栃木県佐野市小中村の名主の家に生まれた．17歳で名主に選ばれるが，領主と対立して入牢．明治になり30歳で秋田県の役人となるが無実の殺人の疑いをかけられ入牢．34歳に小中村に戻り，勉学と商売に専念

田中正造（1841-1913）

南方熊楠（1867-1961）

すると同時に，自由民権運動に加わった．38歳で区会議員，40歳で県会議員，50歳で国会議員となり，日本ではじめて公害運動に取り組み，足尾鉱毒事件に関する国会質問をたびたび行った．しかし，政府は鉱毒問題の抜本的な解決を行わず，ついに1901年，田中正造は国会議員を辞して明治天皇に直訴した．その後，1904年から亡くなる1913年まで，渡良瀬遊水池の底に沈む谷中村に住み，鉱毒事件とともに遊水地問題に取り組んだ．

　田中正造が，明治近代化のための国策企業による公害問題に取り組んだ人物とすれば，南方熊楠は，明治政府による神社合理化の犠牲となった社叢林の保護に取り組んだ人物である．

　南方熊楠（1867－1961）は，和歌山城下の金物屋の次男として生まれた．17歳で東京の大学予備門に入学（同期生に夏目漱石，正岡子規らがいる）するが，翌年退学し，20歳で渡米し菌類を学んだ．さらに25歳から33歳までロンドンの大英博物館で植物学から民俗学まであらゆる学問を学び，1900年に帰国した．1906年，明治政府は神社合祀令を発布する．これは集落ごとに奉られている氏神を，明治の町村合併に併せて，1町村1社とすることをねらったものであった．これによって，和歌山・三重の熊野古道周辺では，由緒ある神社の8割以上が廃止され，社叢林の大木が伐採された．熊楠は，粘菌をはじめとする貴重な生物が生息する社叢林とくに田辺湾に浮かぶ神島（かしま）を守るため，断固として神社合祀反対運動を開始した．熊楠の運動は，1920年に神社合祀令が廃止されるまで続いた．熊楠の活動がなかったら，現在世界遺産となっている那智の社叢林なども失われていたかも知れない．

　明治以後の近代化は，海外の自然保護制度の導入という結果ももたらした．1919年には史跡名勝天然紀念物保存法（現在は文化財保護法）が制定され，1936年に神島は国の天然記念物に指定された．

2. 尾瀬から始まった戦後の自然保護

　日本の国立公園制度は，1931年に国立公園法（現在は自然公園法）が制定され，1934年に雲仙，阿蘇，瀬戸内海，日光などが国立公園に指定されたのに始まる．

尾瀬は日光国立公園の一部として指定されたが，1930年に現地調査が行われたにもかかわらず，天然記念物の指定は見送られていた．

その理由の一つが，尾瀬をダムの底に沈め発電をしようとする電源開発計画の存在である．1935年に発表された東京電灯（現在は東京電力）による尾瀬ヶ原ダム計画は，高さ75mのダムによって尾瀬ヶ原を貯水池として，トンネルで水を利根川水系に落として，40万Kwの電源開発を行うというものであった．この計画は，天然記念物指定をめざす文部省の反対や太平洋戦争の勃発もあり中断される．戦後まもなく，1947年には日本発送電（現在は東京電力）から，尾瀬沼の水を利根川水系に落として電源開発をする案が申請される．国立公園を所管する厚生省，天然記念物指定をめざす文部省ともにこの案に反対したが，戦後復興の資源・エネルギー開発の必要性の声に押し切られてしまった．ところが，1948年になると尾瀬ヶ原を高さ80mのダムで堰き止めて，169万Kwの電源開発を行う案が再浮上する．尾瀬沼取水計画の許可にあたって，尾瀬ヶ原には手をつけないという約束があったにもかかわらず，それを反故にして出された尾瀬ヶ原発電計画に対して，国立公園審議会委員や史跡名勝天然記念物調査会委員など数多くの人々が反対し，1949年に尾瀬保存期成同盟（現在は日本自然保護協会）がつくられた（日本自然保護協会 2002）．尾瀬保存期成同盟などの活動によって，尾瀬ヶ原発電計画は中止されたが，尾瀬保存期成同盟の一員である武田久吉の足跡をたどることでそれを見てみよう．

武田久吉（ひさよし）（1883－1972）は，幕末の駐日英国公使アーネスト・サトウと武田カネとの間に生まれた．東京外語学校卒業後，札幌農学校等で教鞭をとっていたが，1905年，英国人牧師ウォルター・ウェストンの勧めで，小島烏水らと日本山岳会を設立した．日本山岳会の創刊号で武田は尾瀬を紹介している．1910年，英国にわたりキュー植物園で植物学を学んで帰国し，北海道大学，京都大学，九州大学で講師をつとめながら，高山植物を研究した．1927年に東京営林局は，武田久吉と田村剛（日本の国立公園の父といわれる造園家）に尾瀬の調査を依頼した．すでに1922年には尾瀬の電源開発計画が出されており，その影響を調査するためであった．これは日本で最初の環境アセスメントともいわれる．この調査は，東京営林局から『尾瀬地方に於ける保護林とその景観』として印刷さ

武田久吉（1883－1972）
写真提供：日本自然保護協会

れた．武田は，この後，一貫して尾瀬の電源開発への反対論を新聞等で発表してゆくが，1947年の尾瀬沼取水工事では反対派を説得する立場にまわる．

　厚生省国立公園部が発行した『尾瀬ヶ原の諸問題』に寄稿した武田の文章「尾瀬と水電＝回顧と批判」によれば，「尾瀬ヶ原には希少な高山植物が多く，そのまま保護すべきだが，尾瀬沼にはそういった植物はなく，名勝として指定すべき地域である．…（沼の湿原化を防ぐために）水を満々とたたえることで，風致の生命を長からしめる．」として，尾瀬ヶ原が保存されるのであれば，尾瀬沼については風景の保護という視点から，取水工事は容認する姿勢をとった．武田は，尾瀬ヶ原は希少な高山植物が多いことから厳正に保存し，尾瀬沼は，植物遷移の進行による湿原化の防止につながる取水工事は沼の若返りになるという理由からやむなく賛成という立場をとったのである．ところが，翌年になると尾瀬ヶ原発電計画がもう一度出され，また，尾瀬沼の取水工事による水位変動は1m程度と説明されたにもかかわらず，3mもの水位変動により沼周辺の針葉樹が枯死してしまい，回顧と自己批判の文章を載せたものと思われる．保存と保全は，時と場所によってふさわしい方を選択すべきだが，実際には，どちらがふさわしいのかを判断するのは非常に難しい．

3. 風景・学術的価値の保護から，生態系・生物多様性の保護へ

　尾瀬の電源開発問題で，自然保護団体の根拠となったのは，国立公園や天然記念物といった制度であった．1947年の尾瀬沼取水問題のときに，天然記念物調査会委員であった本田正次は，「尾瀬一帯は樺太又は北満に行かなければ見られぬ寒地特有の湿原であって，風景の明媚なことは申すまでもないが，樺太を失った今では，北海道にも無い日本唯一のツンドラ植物相と謂ふべく，其の上部分々々が其の様相を異にし学術上得難い好参考資料である．」と述べ，風景の価値，学術上の価値を，保護の理由としている（日本自然保護協会 2002）．

　これに対して，生態系の価値というものが一般に認識されるようになるには，さらに時間が必要であった．1960年には，日本学術会議，日本生態学会，日本自然保護協会の共催で，自然保護シンポジウムが開催され，吉良竜夫が「原生林の保護とその生態学的意義」と題する講演を行っている．このような活動を受けて，1965年に，日本学術会議会長から内閣総理大臣あてに「自然保護について」という勧告がなされた．これは1964年に米国で原生地域法（Wilderness Act）が成立したことにも関連し，日本国内に10カ所の天然林保護地域を設けるという提案であった．この提案はすぐに実現することはなく，1974年の自然環境保全法によって，原生自然環境保全地域，自然環境保全地域ができるまで待たなくてはならなかった．また，1990年に林野庁が保護林制度を再編して，森林生態系保護地域を指定するにいたり，ようやく大面積の自然林が生態系保護の視点から保護されるようになったのである．

　また，生物多様性保全という概念は，前述のように比較的新しい概念であるため，日本の法律に組み込まれるにはさらに時間がかかった．日本は1993年には生物多様性条約の加盟国となり，1995年には生物多様性国家戦略を発表したが，各省庁の施策をホチキスでとめたものと酷評された．これを改訂した，2002年の新・生物多様性国家戦略では，生物多様性の危機を，①開発による危機，②里地里山などの管理不足による危機，③外来種・環境ホルモンなど新たな危機の3つに分け，それに対する方向性を打ち出した．

　2002年に新・生物多様性国家戦略が改訂されると，自然公園法，鳥獣保護法な

どが改正され，生物多様性の確保が法律にもりこまれた．また，自然再生推進法，特定外来生物法など，生物多様性の保全，復元に資する法律が制定された．

　森林生態系や生物多様性については，第2章以降で詳しく説明するので重複をさけるが，自然保護の対象となる自然の価値が，風景の価値，学術的な価値から，生態系の価値，生物多様性の価値に変わってきたということを説明し，第1章のしめくくりとしたい．

第2章
森林生態系の保全と再生

　日本の国土の67%は森林であるといわれる．しかし，みなさんが想像するような，自然のままの植生（森林だけでなく草原・湿原なども含む）は，国土の18%に過ぎない．残りは，スギやヒノキなどの人工林や，人が手を入れて維持してきた二次林である．森林は，木材を供給するばかりでなく，水源涵養，土砂流出防止など，私たちの生活を支える生態系サービスといわれる機能を持っている．また，生物多様性の保全にとっても，非常に重要な生態系である．しかし，世界的にも，森林とくに熱帯林や北方林は減少の一途をたどり，また，国内では手入れ不足のため荒廃した人工林が目立っている．森林を，生物多様性豊かな生態系として維持するためには，どうしたらよいのか．第2章では，その生態学的なしくみと，社会的な制度を学ぶことにしよう．

I 森林生態系のしくみ

1. 森林の地理的分布

1) 地球上の森林の分布

　地球上にはどのような森林が存在し，どのような地理的分布をしているのだろうか？

　地球は直径約6,360kmの楕円形をしており，地軸は太陽のまわりを公転する軌道面に対して，23.5°傾いている．そのため，北緯23.5°の北回帰線上の地域では夏至の日に，南緯23.5°の南回帰線上の地域では冬至の日に太陽が真上に来る．つまり，北回帰線と南回帰線にはさまれた地域では，つねに太陽光が高い角度から差し込み，高温多湿の気候のため，熱帯雨林が成立している．

　これに対して，赤道から南北に離れるにつれて太陽光の差し込む角度は低くなり，また，太陽公転軌道のどちらに位置するかで季節の違いが生まれる．北緯66.6°以北の北極圏や南緯66.6°以南の南極圏では，一日中太陽が沈まない白夜，一日中太陽が沈んでいる極夜という現象が起こる（正確には，太陽が地平線のすぐ下にあるため薄明かりが続く北緯48°以北，南緯48°以南で白夜が見られる）．北極圏や南極圏では，太陽光が不足するため森林が成立せず，コケや地衣類を中心としたツンドラあるいは極地荒原となっている．

　森林の地理的分布を決める要因の一つが気温であるが，もう一つの重要な要因は降水量である．地球上の降水量の分布を見ると，赤道を中心とした低緯度地帯には，降水量が多い地域（熱帯低圧帯）が帯状に分布している．一年を通じて，強い太陽エネルギーを受ける低緯度地帯では，海域・陸域を問わず上昇気流が発生し，それによって生まれる雲が年間降水量2,000mmをはるかに超える多量の雨をもたらしている．これに対して，北回帰線，南回帰線付近の亜熱帯高圧帯では，熱帯における上昇気流の結果として下降気流が発生するため，年間降水量1,000mm以下の乾燥地帯となる．北半球のサハラ砂漠や南半球のオーストラリア中央部なども，亜熱帯高圧帯（中緯度高圧帯）に属している．一方で，モンスー

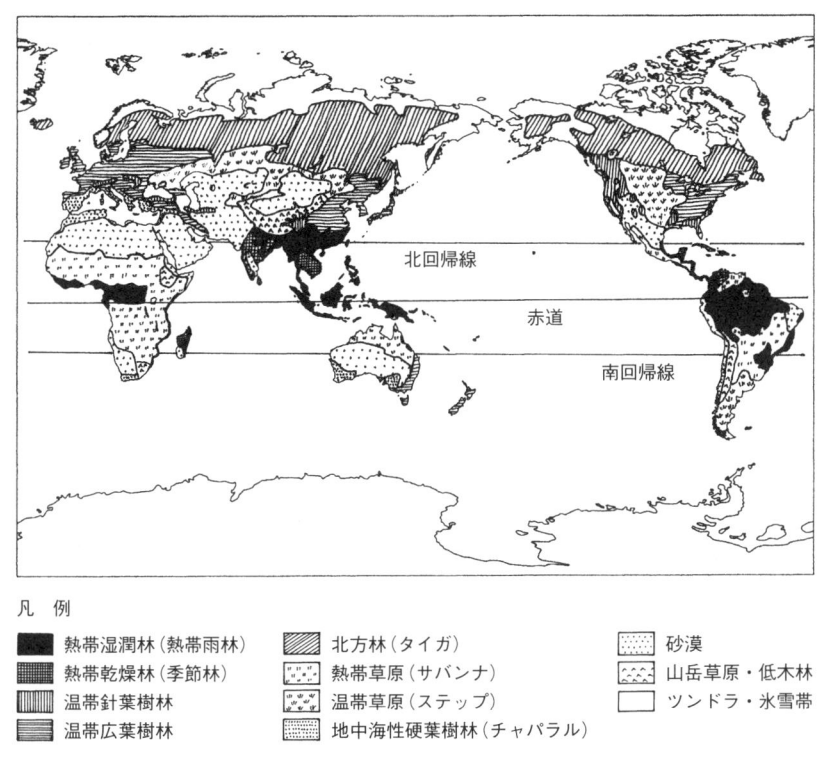

図2-1　陸上の主なバイオーム
　　　（出典：WWF（2006）Living Planet Report 2006をもとに作図）

ン地帯にあるため，亜熱帯にあるにもかかわらず降水量が多く，常緑広葉樹林が発達する琉球諸島などの例外もある．小笠原諸島は，小笠原高気圧と呼ばれる高気圧地帯に位置するため，同じ緯度にありながら乾性低木林と呼ばれる乾燥した林となっている．

　北緯30°〜40°の温帯は，ふたたび上昇気流地帯となるため降水量も多く，常緑広葉樹林から落葉広葉樹林，そして常緑針葉樹林と落葉広葉樹林が混じった混交林となっている．しかし，これにも例外があり，北緯35°〜40°，南緯35°〜40°の大陸西岸では，中緯度高圧帯が北に移動し，夏に降水量が少なく，冬に降水量が多い地中海性の気候を作り出す．代表的な地域は，地中海，カリフォルニア，南アフリカのケープ地域，西オーストラリア，チリ中央部などである．ここでは乾

燥を防ぐため硬い葉を持ったオリーブなどの硬葉樹林（チャパラル）が分布している．また，草本植物の多様性が高いことでも有名であり，ケープ地域だけで世界の植物地理界の一つを形成している．

北緯40°以北は亜寒帯と呼ばれ，ふたたび下降気流地帯となる．高緯度のため，夏が短く，月平均気温が10℃を超える月が4カ月に満たない寒冷な気候のため，タイガと呼ばれる針葉樹林（北方林とも呼ばれる）が形成されている．ユーラシア大陸の北西部，極東地域，北アメリカ北部では，モミ属，トウヒ属を中心とした常緑針葉樹林だが，シベリア東部ではカラマツを中心とする落葉針葉樹林となっている．南半球では南緯40°～50°はほとんど海洋であり，陸地があっても海洋性気候のため亜寒帯にはならず，ゴンドワナ大陸の時代から続く，ナンキョクブナやナンヨウスギの森林が形成されている．

北緯50°以北の寒帯は，最も暖かい月の平均気温が0°以上のツンドラと0°以下の極地荒原に分けられが，いずれにしても森林は成立しない．ロシア，北欧，北アメリカなどに見られるツンドラでは，コケ，地衣類などが生育し，それを食べるトナカイなどの大型動物も見られるが，グリーンランドや南極大陸の極地荒原となると植物は全く見られない．

2）日本における森林の分布

日本列島は，北緯24°の八重山諸島から，北緯45°の北海道まで，約3,000kmにわたって南北につらなっているため，亜熱帯の常緑広葉樹林から亜寒帯の常緑針葉樹林にいたる森林の水平分布が見られる．また，屋久島やアルプスなど標高の高い山々では，山麓から山頂にいたる垂直分布が見られる．

沖縄島北部のやんばる（山原）と呼ばれる地域には，亜熱帯の森林が分布している．国頭郡東村の慶佐次（げさし）には，オヒルギ，メヒルギ，ヤエヤマヒルギなどからなる，沖縄島最大のマングローブが見られる．マングローブの根は，タコの足のように広がって幹をささえているが，満潮時に海面下に沈んだときは，河口域の魚類の隠れ家としても重要な役割を果たす．また，大宜見村との境界にある玉辻山の山頂に立つと，やんばるの森林を一望することができる．やんばるの森林は，イタジイなどの常緑広葉樹林であり，ヤンバルクイナやノグチゲラなどの固有種の生息地となっている．

宮崎県綾町の本庄川（綾南川）の流域には，イチイガシなどの常緑広葉樹林が残っている．これらのシイ・カシを中心とする森林は，葉に光沢があることから照葉樹林と呼ばれる．ヒマラヤ東部から中国南部，台湾，琉球諸島を通り，日本列島の平野部につらなる照葉樹林は，焼畑など東アジアに共通する照葉樹林文化を担ってきた（上山 1969，佐々木 1982）．しかし，照葉樹林帯には，日本列島でも早くから人が住みつき，農耕地や農用林に姿を変えてしまい，平野部では社寺林などとして残されているに過ぎない．

秋田県と青森県の境に位置する白神山地には，世界自然遺産に登録されたブナ，ミズナラなどからなる落葉広葉樹林が広がっている．4mを超える積雪のため，キタゴヨウ，クロベなどの針葉樹は，雪崩の影響を受けない尾根上に分布するのみである．ブナ林は，ニホンカモシカ，ツキノワグマ，イヌワシなどの生息地となっているが，白神山地は人間以外の霊長類ニホンザルの北限の生息地の一つでもある．白神山地から北東に位置する三内丸山遺跡は，5千年ほど前の東北地方には，クリやサケなどによって支えられた縄文文化が根づいていたことを証明している．

北海道の知床半島には，山麓付近のミズナラなどの落葉樹林から，エゾマツ，

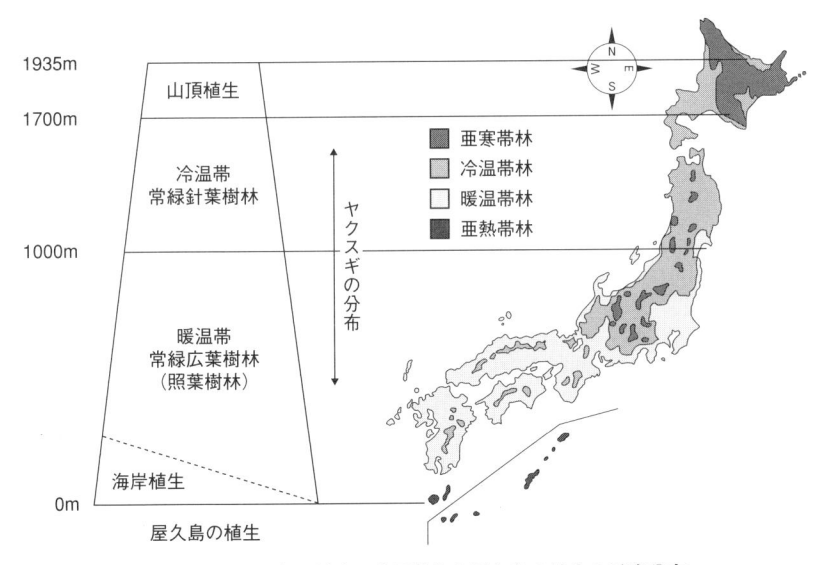

図2-2　日本列島の植生の水平分布と屋久島の植生の垂直分布

トドマツを中心とした常緑針葉樹林，山頂付近のハイマツ林までが分布している．羅臼岳（1,660m）では，本州なら標高3,000m級の山々で見られるツルコケモモなどの高山植物が，標高1,500m程度で見られる．北海道の常緑針葉樹林には，ミズナラやシナノキなど落葉広葉樹が混じる混交林となっていることが特徴である．津軽海峡を隔てて，本州と隔離された北海道には，エゾシカ，エゾヒグマ，シマフクロウなどが生息している．ナキウサギなどの氷河地形が残る地域に生息する動物は，むしろ大陸との関連が深いといわれる．

　屋久島の宮之浦岳（1,935m）は九州の最高峰であり，亜熱帯から亜寒帯までの森林の垂直分布を見ることができる．海岸近くでは，亜熱帯性のマングローブやガジュマルなどが見られ，標高1,000mまでの低山帯は，スダジイなどの常緑広葉樹林（照葉樹林）となっている．標高1,000～1,700mの山地帯は，本州であればブナなどの落葉広葉樹林となるところだが，ブナは本州から屋久島に渡ることができなかったため，この地域はヤクスギを中心としたスギ林となっている．標高1,700m付近の森林限界を超えると高木に覆われた森林は成立できず，ヤクシマシャクナゲやヤクシマザサを中心とする亜高山帯の植生となっている．さらに山頂近くは，北海道の網走市の気候に近い，高山帯となっている．

2．森林の空間構造と時間的変化

　森林は，地球上の生態系の中でも，最も複雑な空間構造を持っている．

　温帯林の場合，高木層，亜高木層，低木層，草本層という4層の階層構造を持つ場合が多い．人工林や二次林では，亜高木層や低木層を欠くなど，単純な階層構造となる．自然林のような複雑な階層構造を持った森林と，人工林のように単純な階層構造を持った森林とを比較すると，自然林のほうが人工林よりも生息する鳥類の種類も個体数も多い．由井・鈴木（1987）によれば，全国の自然林と人工林（若齢～壮齢林）で，鳥類の種類と個体数を調査したところ，暖帯～温帯の自然林では15haあたりの種数が20～30種，個体数は70～140個体であったのに対して，人工林では種数が10～20種，個体数が50～80個体であった．人工林に広葉樹を交えた混交林では，種数・個体数ともに自然林と違わないことを見ると，人工

図2-3　植物群落の空間構造

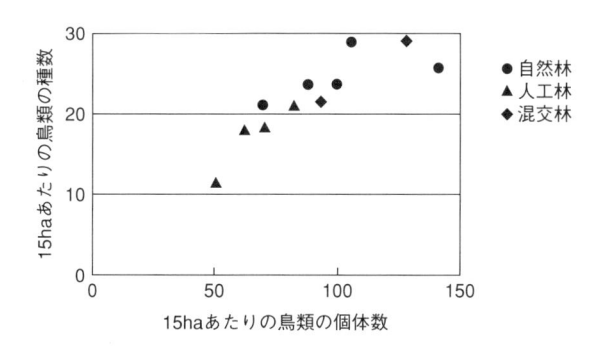

図2-4　自然林と人工林における鳥類の種数と個体数
　　　（暖帯・温帯の若齢〜壮齢林）（由井・鈴木　1987を一部改変）

林における鳥類の種数・個体数の減少は，森林を構成する樹木の種類と空間構造の単純化によるものと考えられる．亜熱帯や熱帯の森林では，森林の空間構造はさらに複雑となり，エマージェントツリーと呼ばれる超高木や，樹木に着生する着生植物，樹木にからみついて樹冠に達するつる植物など，さまざまな生活型をもった植物が見られる．熱帯雨林においては，高木や超高木が葉を茂らせ，樹冠（キャノピー）と呼ばれる最も高い層が，太陽光の大部分を吸収してしまう．樹木の葉や花や花粉などを食物とする動物の多くが樹冠に生息し，昆虫の場合，その3

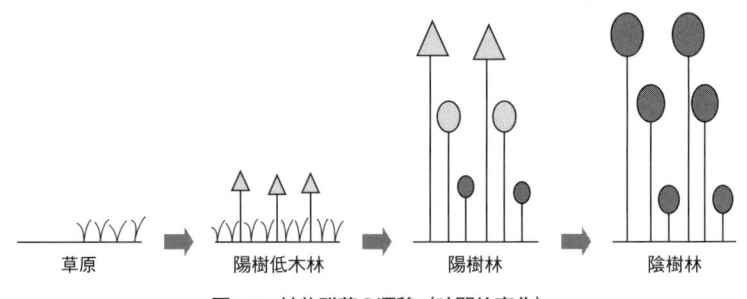

図2-5 植物群落の遷移（時間的変化）

分の2が樹冠に生息するといわれている．また，両生類（カエル）も着生植物の根元の水溜りに産卵し，オタマジャクシから成体になるまで一生樹上で過ごすものが多く，熱帯林の樹冠の研究によって，これまで未知の生物が数多く発見されるようになった．

　一方，森林の土壌動物を見ると，豊かな森林土壌が発達する温帯林においては，数多くの土壌生物を見ることができるが，熱帯雨林ではリター（落葉落枝）の分解が早いために，温帯林に比べると土壌は薄く，土壌動物は樹冠の生物のようには豊かとはいえない．そのため，熱帯林を伐採すると，ラテライトと呼ばれる赤い土壌が流出し，再び森林を再生することは難しい．

　火山の噴火などによっていったん森林が失われると，溶岩上にまずコケや地衣類（菌類と藻類の共生体）が侵入し，ススキなどの草本植物群落，アセビやリョウブなどの低木林を経て，ブナやミズナラの高木林に移り変わってゆく．このような植物群落の時間的な変化を植物遷移（サクセッション），最初に侵入する植物を先駆植物（パイオニアプラント），最終的な植物群落を極相（クライマックス）と呼ぶ．米国で植物群落の変化を研究したクレメンツは，植物群落は気温や降水量によって決まる気候的極相に向かって遷移するという単極相説を唱えたが，英国で植物群落を研究したタンズレーは，植物群落は気候だけではなく，地形，土壌などによってさまざまな土地的極相に変化するという多極相説を唱えた．森林（極相）まで遷移すると，大きな気候の変化がない限り同じ森林であり続けるような気がするが，実際には台風や積雪などによって大きな樹木が倒れ，森林の中に小規模な空間（ギャップ）が生まれる．ブナ原生林も，カエデやナナカマドなど

が優占するギャップや，ヒメヤシャブシやタニウツギなどが優占する雪崩斜面，尾根上のキタゴヨウ（ヒメコマツ），トチノキやサワグルミが優占する渓畔林など，さまざまな植物群落によって構成されている．

　草原から森林に遷移する途中で，放牧，火入れ，採草などの人為的な圧力を加えると，草原や低木林のまま維持される．このような遷移の逆転は，退行遷移と呼ばれる．また，本来の自然植生（原植生）に対して，人為が加わった植生を代償植生と呼ぶが，これは人為によって遷移の進行が止められている状態（途中相）であると考えることができる．

　植物群落の遷移に伴って，動物群集も変化する．阿蘇の草原では，放牧，火入れ，採草などの人為的な圧力が失われると，ハナシノブ，オキナグサなどの植物が減少し，クララを食草とするオオルリシジミなどの蝶類が絶滅に瀕する．これらの植物や昆虫を絶滅させないためには，草原を維持するための野焼きを続ける必要がある．しかし，周囲の森林に延焼しないようにする輪地切りという作業に労力がかかり，畜産農家だけでは草原の維持は困難となり，市民や行政をまじえた草原再生協議会を作って草原維持が図られている．

　一方，森林伐採を行うことは，野生生物の生息密度に影響を与えることもわかってきた．ニホンカモシカは，東北のブナ林から九州の照葉樹林にかけて生息する日本固有の動物であり，極相林では生息密度は一定に保たれている．しかし，青森県下北半島における下北半島カモシカ調査グループの20年以上にわたる調査によれば，ニホンカモシカの生息密度は，自然林では10～15頭／km²程度であっ

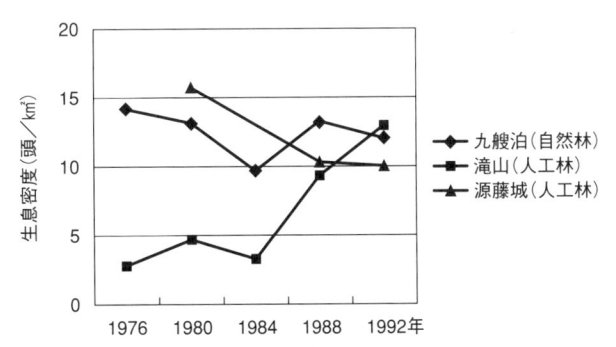

図2-6　青森県下北半島脇野沢村のニホンカモシカの生息密度の変化
　　　（落合　1996より抜粋）

たが，大面積に森林を伐採した場所では，一時的にカモシカの食物となる草本や低木が増え，生息密度は15頭／km^{2}以上に増加した．スギなどの植林が成長すると林床の植物は減少し，生息密度は10頭／km^{2}以下に減少した．森林伐採とその後の植林は，わずか20年程度の間に，カモシカの生息密度を，大きく変動させた．

　野生動植物の絶滅や，急激な増加による農林業被害を引き起こさないためには，個体数管理だけではなく，生息生育地（ハビタット）を管理する必要がある．遷移の初期段階の草原や低木林を好む動植物を維持するためには，放牧，火入れ，採草などの人為を加えながら遷移を途中相に止める管理を行う必要がある．また，遷移の最終段階である極相林を本来の生息地とするツキノワグマ，ニホンカモシカなどを安定的に維持するためには，大面積の自然林を保護する地域を設定したり，大面積な伐採を避けるなどの森林管理が求められる．

II 森林生態系の保全と再生

1. 国有林の拡大造林政策

　日本の国土の3分の2は森林であり，その3割（日本の国土の20％）を国有林が占めている．しかし，その国有林が急激な伐採によって荒廃した時期があった．

　戦争によって荒廃した森林を復元するため，各地で植林が行われた．1950年代の高度経済成長期には，建築材の需要が急速に高まり，自然林を伐採し人工造林を行う「拡大造林政策」が行われ，奥山にまで林道が建設され，チェーンソーの音が鳴り響いた．

　長野県，岐阜県にまたがる御嶽山（おんたけさん：標高3,067m）は，富士山，白山（はくさん）とならぶ信仰の山として知られ，木曽の五木（きそのごぼく：ヒノキ，サワラ，ネズコ，ヒバ（アスナロ），コウヤマキ）を産することから，江戸時代から尾張藩によって，「木一本，首一つ」と言われる厳しい監視政策がとられ森林が維持されてきた．高度経済成長期には，標高1200mを超える高標高地にまで拡大造林が行われたが，植林地はササに覆われ，さらに生息地を奪われたニ

ホンカモシカが植林されたヒノキの苗などを食べる「カモシカ問題」を発生させる一因となった.

1970年代になると，拡大造林は東北地方のブナ原生林にも広がり，林野庁の大規模林業圏構想によって，過疎の林業地を結ぶ大規模林道を建設する観光の色彩が強い開発が行われるようになった．山形県，新潟県にまたがる朝日連峰では，大規模林道の建設が開始されたが，積雪3mを超える豪雪地帯のため，あちこちで林道は崩壊し，自然破壊の爪跡を残した．これに対してブナ林保護を求める運動が起こり，大規模林道は1998年に建設が中止された．

2. 白神・知床をきっかけとした政策転換

東北地方のブナ林伐採問題は，1980年代には秋田県，青森県にまたがる白神山地にまで到達した．秋田県八森町から青森県西目屋村を結ぶ広域基幹林道（青秋林道）計画が発表されると，秋田県，青森県の自然保護団体から林道建設中止の要望書が出された．これを無視するように工事が着工されると，東北自然保護団体連絡協議会や日本自然保護協会などの自然保護団体が，青秋林道に反対する声明を発表し，全国的なブナ林保護の運動が始まった．

その契機となったのが，1985年に国際森林年を記念して，日本自然保護協会が秋田市で開催した「ブナ・シンポジウム」であった．このシンポジウムでは，ブナ林を森林生態系として保全することの重要性に加えて，縄文時代から続くブナ帯文化を育んできた森としてブナ林が見直された．日本自然保護協会の沼田眞理事長（当時）からは，ユネスコのMAB（人間と生物圏）計画に基づく生物圏保存地域（バイオスフェア・リザーブ）をモデルに，原生林を自然のままに保存する核心地域（コアエリア）と周辺からの影響を緩和するための緩衝地帯（バッファーゾーン）を持つ保護地域の提案がなされた．これが将来的な世界自然遺産登録のきっかけとなった（図1-1）．

青秋林道建設には，白神山地の上流部に設定された水源涵養保安林の解除が必要となる．1987年に農林水産省が保安林解除を決めると，これに対して全国から1万3千通の異議意見書が提出され，林道計画は事実上ストップせざるを得なくなった．

白神山地で青秋林道が問題となっている頃，北海道の知床半島でもミズナラやハリギリなどからなる森林が伐採されようとしていた．知床は，オホーツク海に突き出た70kmにおよぶ半島であり，ヒグマ，シマフクロウ，オジロワシ，オオワシなど絶滅に瀕した野生生物の繁殖地・越冬地として知られている．1978年には，国立公園内の土地の切り売りによる乱開発を防ぐため，藤谷豊斜里町長（当時）が「知床100平方メートル運動」と名づけたナショナルトラスト運動を始め，全国の注目を集めていた．1987年林野庁は，多くの自然保護団体の反対を押し切って，知床国有林の伐採を開始した．木に抱きついて伐採を防ごうとする人たちを引き剥がしながら，大木を伐採する様子は全国に報道され，林野庁に対する非難の声が高まっていった．

　白神山地，知床半島における自然保護の世論の高まりは，林野庁の林業政策を大きく転換させることになった．

3. 保護林の再編と緑の回廊

　白神山地，知床半島の問題が注目を集めた1987年10月，林野庁は「林業と自然保護に関する検討委員会」と名づけられた林野庁長官の諮問会議を設置した．検討委員会は，1988年12月に「林業と自然保護に関する検討委員会報告」をまとめた．この報告書は，国有林が国民共有の財産であるとともに，自然環境保護などの公益的機能に対する国民の要請が高まっていることを述べた上で，1915年に創設された国有林の保護林制度を再編して，森林生態系や動植物の生息生育地の保全，森林の遺伝資源の保存に寄与するような保護林制度とすることを提案した．これは，先に述べたように，委員として参画した日本自然保護協会の沼田眞理事長（当時）の「核心地域と緩衝地帯を持った保護地域の設定」という提案を受けたものであった．

　1989年林野庁から「保護林の再編・拡充について」という長官通達が出され，具体的な保護林の設定が開始された．保護林は，「森林生態系保護地域」「森林生物遺伝資源保存林」「林木遺伝資源保存林」「植物群落保護林」「特定動物生息地保護林」「特定地理等保護林」「郷土の森」の7種に分けられる．このうち，大面積に

第2章　森林生態系の保全と再生

図2-7　国有林森林生態系保護地域（2007年4月現在）

　森林を保護する森林生態系保護地域は，知床から西表島まで26カ所が指定された（2007年4月現在，森林生態系保護地域は，小笠原諸島，奥会津のブナ林などが加わり28カ所に増えている）．

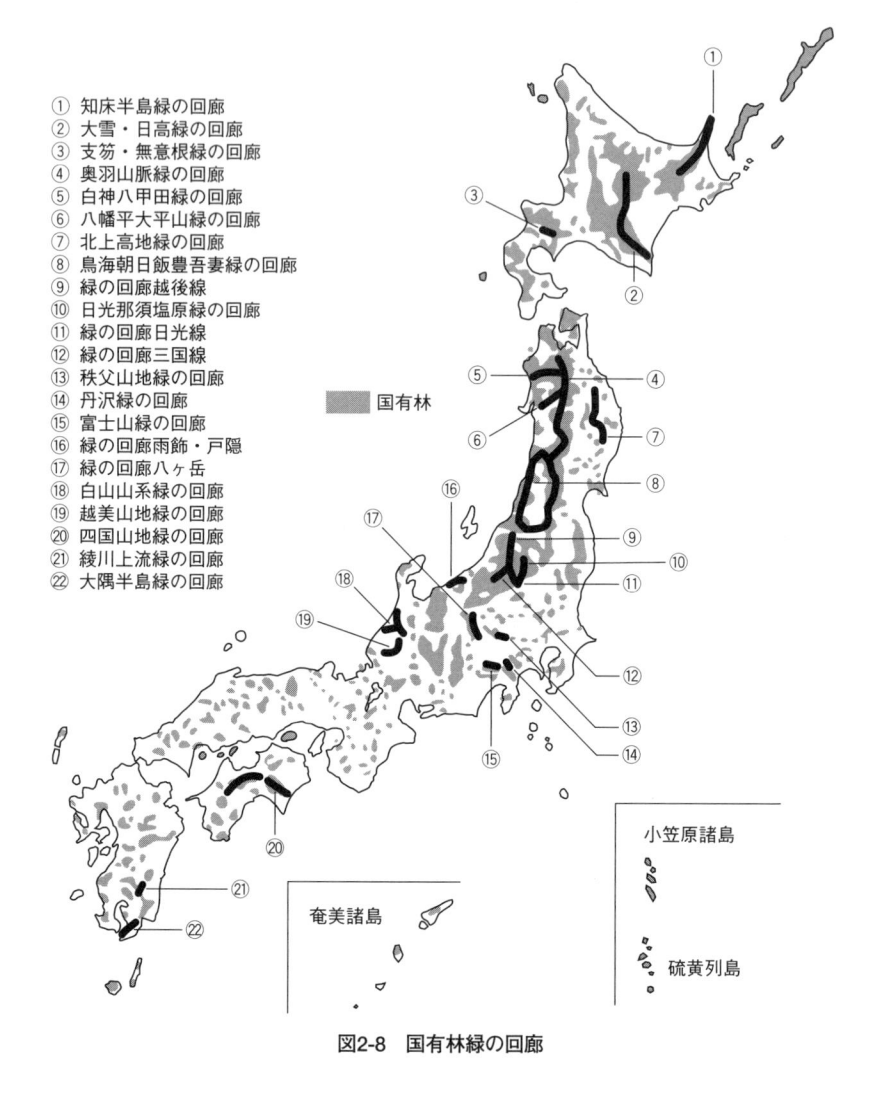

① 知床半島緑の回廊
② 大雪・日高緑の回廊
③ 支笏・無意根緑の回廊
④ 奥羽山脈緑の回廊
⑤ 白神八甲田緑の回廊
⑥ 八幡平大平山緑の回廊
⑦ 北上高地緑の回廊
⑧ 鳥海朝日飯豊吾妻緑の回廊
⑨ 緑の回廊越後線
⑩ 日光那須塩原緑の回廊
⑪ 緑の回廊日光線
⑫ 緑の回廊三国線
⑬ 秩父山地緑の回廊
⑭ 丹沢緑の回廊
⑮ 富士山緑の回廊
⑯ 緑の回廊雨飾・戸隠
⑰ 緑の回廊八ヶ岳
⑱ 白山山系緑の回廊
⑲ 越美山地緑の回廊
⑳ 四国山地緑の回廊
㉑ 綾川上流緑の回廊
㉒ 大隅半島緑の回廊

図2-8　国有林緑の回廊

　とくに東北地方では，青森県の十和田，白神山地から，山形県・福島県の吾妻山まで奥羽山脈にそった保護林が設定された．ところが，これらの保護林どうしは，道路や人工林などで分断されている．東北地方の自然保護団体が，分断された保護林を森林で結び，野生動物の移動経路を確保するグリーンベルト構想を提案したところ，林野庁は400kmに及ぶ奥羽山脈樹林帯を実現した．これをきっか

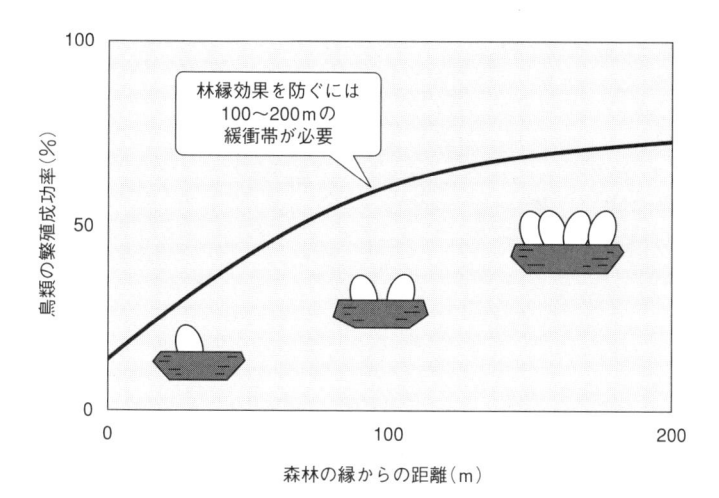

図2-9 森林の林縁効果（エッジエフェクト）
（出典：Hambler（2003）Conservationをもとに作図）

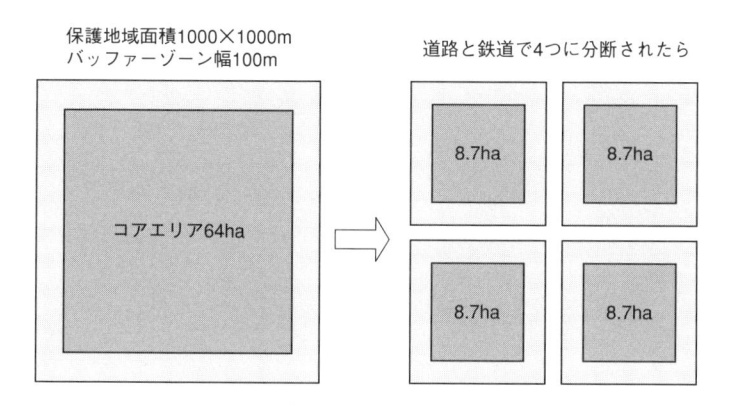

グラフ内注釈：林縁効果を防ぐには100～200mの緩衝帯が必要
縦軸：鳥類の繁殖成功率（％）
横軸：森林の縁からの距離（m）

保護地域面積1000×1000m
バッファーゾーン幅100m
コアエリア64ha

道路と鉄道で4つに分断されたら
8.7ha 8.7ha
8.7ha 8.7ha

保護地域が分断されると，エッジエフェクトによって
コアエリアの面積は64haから34.8haに減少

図2-10 エッジエフェクトによるコアエリアの減少

けに，1998年から全国の国有林に「緑の回廊（コリドー）」が順次設定されている（2007年4月現在，緑の回廊は22カ所に広がっている）．

　生物圏保存地域をモデルとした核心地域と緩衝地帯を持った保護地域や，保護林をつなぐ緑の回廊という考え方は，保全生態学の視点からも意味のある提案である．

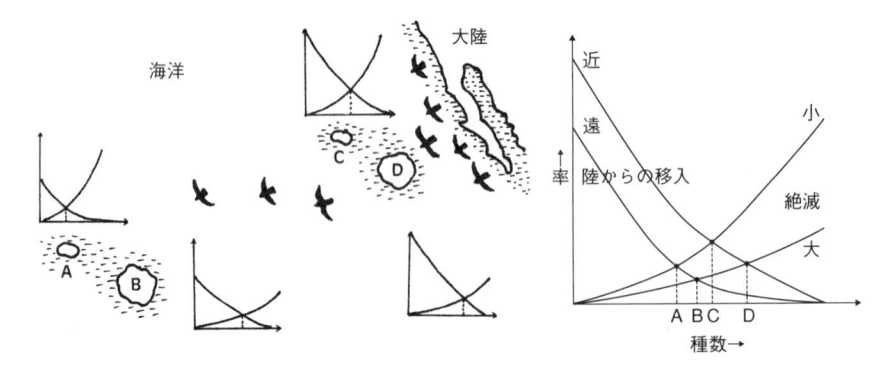

図2-11　島嶼生物地理学モデルによる生物の移入と絶滅のバランス
　　　　（出典：MacArther & Wilson（1967）Island Biogeographyをもとに作図）
小さくて陸から遠い島（A）ほど，絶滅しやすく移入が少ないので，生物の多様性は低い．
大きくて陸から近い島（D）ほど，絶滅しにくく移入が多いので，生物の多様性は高い．
だから保護地域はなるべく大きく設定し，保護地域どうしをコリドーでつなぐ必要がある．

　米国などにおける研究では，森林の林縁から100〜200m程度まで，森林の外部の影響が及び，鳥類，昆虫類などの種類が，森林内部とは異なり，鳥類の繁殖率も低下することがわかっている．このような効果を，林縁効果（エッジエフェクト）と呼ぶ．保護地域の核心地域に林縁効果が及ばないようにするためには，最低でも100〜200m程度の緩衝帯が必要である．

　また，野生動物は，生息地が分断され，孤立した個体群となることによって，遺伝的な多様性を失い，絶滅の可能性が高まることが知られている．これを防ぐには，保護林どうしを結び，野生生物の移動経路を確保することは，意味があると考えられるからである．米国のロバート・マッカーサーとエドワード・ウィルソンが提案した島嶼生物地理モデルによれば，大陸から離れた島の鳥類や昆虫の種数は，大陸から島までの距離と島の大きさによって決まる．大陸から近い島ほど，大陸からの新たな生物の移入が期待され，大きな島ほど台風などの自然災害でも生物が絶滅する確率が低くなるからである．現在の保護地域は，まわりを都市や農耕地に囲まれ，大洋に孤立した島のような状態になっている．このモデルによれば，保護地域の生物の絶滅を防ぐには，できるだけ大きな保護地域を確保し，保護地域どうしをコリドーによって結ぶことが望ましい．

　保護林や緑の回廊の生態学的な効果は，今後のモニタリング調査によって検証

して行く必要があるが，日本の林野庁が国土の20%を占める国有林に，保護林や緑の回廊を設置した意味は大きい．

韓国の山林庁は，北朝鮮の白頭山（ペクドサン）から韓国の智異山（チリサン）にいたる長大な白頭大幹（ペクドデガン）緑の回廊を提案している．

4. 愛知万博をきっかけとした里山の評価

これまでは森林といっても，自然林の保護の話題を取り上げてきたが，1990年代になると都市周辺に残された二次林あるいはその周辺の農地を含む里地里山の価値が見直されるようになってきた．そのきっかけが，愛知万博問題である．

1988年愛知県は瀬戸市海上の森（かいしょのもり）を会場として，2005年の国際博覧会を誘致することを決め，1995年末には愛知万博誘致の閣議決定がなされた．これに対して，海上の森で自然観察会を開き，里地里山の自然の大切さを伝えてきた地元の団体は，海上の森一帯を環境教育の場として保全する計画を提案した．

1999年に日本自然保護協会，日本野鳥の会，WWFジャパンの3団体は，国際団体を通じて海上の森の重要性を訴え，国際博覧会事務局（BIE）が日本政府に対して博覧会の計画変更を求めた．その結果，2000年に通産大臣，愛知県知事，博覧会協会会長による三者合意が発表され，博覧会の跡地利用として計画されていた新住宅市街地開発事業は中止され，博覧会計画および海上の森の保全活用計画は市民参加で検討することとなった．同年に開催された愛知万博検討会議によって，海上の森会場は最小限のものとなり，大部分の会場は近くの愛知県青少年公園で行われた．

愛知万博問題は，新住宅市街地開発事業の問題点，環境影響評価のあり方，オオタカなどの希少生物の保護など，さまざまな問題を投げかけたが，その中でも大きなものが，里地里山の評価である．これまでの環境省の植生自然度に基づく植物群落の評価では，高山植物群落などが自然度10，自然林（極相林）は自然度9だが，二次林は自然林に近いものでも自然度8，普通の二次林は自然度7であり，自然林よりも価値は低いと判断されていた．

これまでの自然保護運動も，原生林や絶滅危惧種などの保護が中心であり，二次林や里地里山の生物は保護の対象とはならなかった．愛知万博問題では「海上の森」という，人手が入って維持されてきた里地里山に価値があるという視点が盛り込まれたのである．愛知万博と新住宅市街地開発をすすめたい側は，「海上の森はどこにでもある里山」，「かつては人手が入ったハゲ山だった」と主張した．しかし，どこにでもあるはずの里山が，郊外の開発の進行によって貴重な自然となり，平安時代から窯業の中心地として，人手が入りながらも維持されてきた里地里山の自然は，歴史的にも重要なものであることがわかってきたのである．

　2002年に策定された新・生物多様性国家戦略は，生物多様性の3つの危機として，第1の危機（人口増加や開発等による危機），第2の危機（里地里山の手入れ不足，鳥獣による農林業被害），第3の危機（外来種や化学物質による危機）を挙げている．この戦略の中で，里地里山の代表として，唯一固有名詞を挙げて書かれているのが，瀬戸市海上の森であった．21世紀の自然保護戦略として作られた新・生物多様性国家戦略において，里地里山の保全が位置づけられたことで，里地里山の価値は広く認められるようになったといえる．

5. 森林の保全と再生に係る法制度

　これまで見てみたように，自然林に関してはさまざまな法制度ができているが，二次林，里山に関しては十分な保護制度ができているとはいえない．ここでは，さきに述べた国有林の保護林以外の法制度について概説する．

＜森林・林業基本法＞

　1964年に制定，2003年に改正され，森林の多面的機能（国土保全，水源涵養，自然環境保全，国民の健康，地球温暖化防止，林産物供給など）と林業の持続的発展を通じた山村の振興を目的とし，森林・林業基本計画の策定などを定めている．

＜森林法＞

　1897年に制定，2002年に改正された．全国森林計画・地域森林計画などの森林計画制度のほか，保安林制度などを定めている．全国森林計画は，「良好な自然環

境の保全」「森林の公益的機能の維持増進」に適切な配慮を払い,「環境基本計画」と調和するものであることを求めている.保安林には,水源涵養,土砂流出防備,土砂崩壊防備などの国土保全の理由のほか,魚つき保安林などのように沿岸生態系保全に寄与するような保安林も含まれている(保安林は民有林にも指定することができ,国有林のみに設定される保護林とは異なるので注意).

＜自然公園法＞

1931年の国立公園法を基礎に,1957年に制定,2002年に改正された.優れた自然の風景地を保護することを目的としており,森林だけではなく,湖沼や海も含まれるが,実際には森林・山岳地帯が多いため森林保全に寄与する法律として取り上げた.自然公園には,国立公園,国定公園,都道府県立自然公園が含まれ,特別地域においては木竹の伐採,特別保護地区においては木竹の損傷,植栽は許可を要する(2007年現在,国立公園が29カ所20,868km^2,国定公園が55カ所13,433km^2,都道府県立自然公園が307カ所19,577km^{2}指定されている).

＜自然環境保全法＞

1972年制定,2005年に改正された.自然環境保全基本方針,自然環境保全基礎調査の実施,原生自然環境保全地域,自然環境保全地域,都道府県自然環境保全地域の設定などを定めている.自然環境保全地域は海域にも設定できるが,西表島の崎山湾のみであり,他はすべて森林・山岳等を対象としている.自然環境保全地域として指定されるのは100ha以上,原生自然環境保全地域として指定されるのは1000ha以上の天然林である.自然環境保全地域においては木竹の伐採,原生自然環境保全地域においてはそれに加えて木竹の植栽,木竹以外の植物の採取や落葉落枝の採取も禁じられている.自然公園とは異なり,もっぱら自然環境保全を目的としているが,自然公園や保安林を除く地域に指定されるため,面積が十分とは言えない(2007年現在,原生自然環境保全地域が5地域56km^2,自然環境保全地域が10地域216km^{2}指定されている).

＜都市公園法＞

1956年制定,2004年に改正された.都市公園は必ずしも森林を保全するものではないが,大規模な国営公園の中には,里山を含むものもあり,埼玉県にある国営武蔵丘陵森林公園は,武蔵野の雑木林を保全している.また,都市公園の一形

態である都市林は，野生動植物の生息地である樹林の保全，都市における良好な自然環境の保全を目的として指定される．つくばエクスプレスの開通によって危機に瀕した，流山市の市野谷の森の一部は，オオタカが生息する都市林として保全されることになった．都市公園は，土地所有にかかわりなく指定される自然公園（地域制公園）とは異なり，原則として土地を確保して指定される（営造物公園）ため，土地の担保力が強いことが特色である．

＜都市緑地法＞

1973年の都市緑地保全法を基礎に，2006年に改正された．都市における緑地の保全，緑化の推進を目的としており，緑地保全地域，特別緑地保全地区，緑化地域，市民緑地の設定などを定めている．かつては都道府県が指定するものであったが，市町村も指定することができるようになり，埼玉県新座市の妙音沢斜面林などが市町村による特別緑地保全地区に指定されている．都市公園法と異なる点は，指定する時点では必ずしも土地の確保を必要としないが，民有地で相続が発生した場合には優先的に地方公共団体が買収できるため，農家が所有する里山の保全などにふさわしい制度である．また，市民緑地は，農家などの土地所有者との契約によって市民が利用できる緑地を時限的に確保する制度であり，市民による里山管理などに道を開くものである．

＜景観法＞

2004年に制定された法律で，都市，農山漁村における良好な景観の確保を目的としている．景観計画，景観農業振興地域整備計画の策定，景観地区，景観重要樹木の指定などを定めているが，里地里山の保全にどのように活用できるかは今後の課題といえる．

以上，森林の保全に関係する法制度を概説してきたが，自然再生推進法など，森林を含め多様な生態系に適応できる法律もある．これらについては，第5章で説明したい．

第3章
河川・湖沼生態系の保全と再生

　日本列島には3万本の河川があるといわれる．しかし，どんな河川を遡ってもダムや堰堤（えんてい）などが作られ，自然のままの河川はほとんど見られなくなってしまった．湖沼についても同じことがいえる．かつては水草が生い茂り，水鳥が飛来した湖沼の多くが，コンクリートの岸壁で囲まれ，外来魚に占拠されてしまっている．この章では，自然の河川や湖沼の生態を押さえた上で，日本の河川・湖沼がどのように変化してきたか，それを保全・再生するにはどうすればよいかを考えてみたい．

Ⅰ 河川・湖沼の生態

　河川と湖沼は，水が流れているか一時的に留まっているかという違いはあるものの，陸地に降った雨が海に流れ込む途中の姿であるという点では同じであり，氷河などもひっくるめて陸水（りくすい）と呼ばれている．これらを研究する分野を陸水学（Limnology）と呼んでいる．河川が海と出会う場所は，汽水域（きすいいき）と呼ばれる．汽水域の研究は，陸水学と海洋学の学際的な分野だが，ここでは，同じ章の中で扱うことにする．法律としても河川と湖沼は河川法という同じ法律で管理されているので，そのほうが実際的だと思われるためだ．

1. 河川

1）世界と日本の河川

　世界で最長の河川はエジプト文明を育んだアフリカのナイル川（全長6,700km），流域面積が最大の河川は南アメリカのアマゾン川（流域面積705万km^2，全長6,520km）である．これに対して，日本で最長の河川は信濃川（全長367km），流域面積が最大の河川は利根川（1.7万km^2，全長322km）であり，世界の河川と比べると日本の河川はあっという間に源流から海へと到達してしまう急流といってもよい．明治時代に来日したオランダの河川工学者のデ・レーケは，富山県の常願寺川（じょうがんじがわ）を見て，「これは川ではなく滝だ」という言葉を残している．

2）河川の空間的変化

　河川は上流から下流へと流れる間に，さまざまな空間的な変化を見せる．

　河川上流部は，山に囲まれた急流であり，水温も低く，水質も清冽である．河川の中の有機物は，森林からの落葉などによって供給されており，人為的な有機物は少ない．ただし，上流部であっても，ダムによって河川水の滞留時間が長くなると，ダム湖の中で植物プランクトンが発生する可能性がある．上流部に生息する生物は，渓流の岩にすむカゲロウ類，カワゲラ類，トビケラ類の幼虫，サワ

ガニ，プラナリア（ウズムシ），また，イワナ，ヤマメなどの渓流魚が中心である．これらを採食するカワガラス，ヤマセミなどの鳥類も見られる．

　扇状地から平野へと河川が流れこんだ中流部は，流速も緩やかとなり，水温もやや高くなってくる．扇状地や平野が住宅地や農地となっている場合は，水質にも影響が出始める．河川の中の石に着生した藻類（珪藻類や藍藻類），水草類，川岸に生育するアシなどの植物から供給される有機物のほか，生活排水，農地からの肥料など，さまざまな原因によって水質が悪化し始める．河川の中流域を指標する生物としては，カワゲラ類，カゲロウ類，トビケラ類などの水生生物に加えて，ミズムシ，シマイシビルなどの生物が見られるようになってくる．河川の石に着生した珪藻を食べるアユは，中流域を代表する魚類である．このほか，ウグイ，アブラハヤ，オイカワなどの魚も見られるようになる．水温の安定した湧水が湧くような限られた生息地には，トミヨなどのトゲウオ類が生息している場合もある．

　河川が平野をゆったりと流れる下流部は，流速も遅く，水温も高めで，周囲には人家や工場が密集し，水質は悪化している場合が多い．堰などで水の滞留時間が延長したり，河口近くで流れが止まってしまうような場所では，河川の中でも珪藻類などの植物プランクトンが発生するようになる．かつて下流域には，コイ，タモロコ，モツゴ，ドジョウ，ナマズ，テナガエビ，クサガメなどの豊かな生物相がみられたが，現在ではカムルチー，ミシシッピアカミガメなどの外来生物に置き換わってしまった河川も多い．河川が流路を変えることでできた三日月湖や，洪水時の水が河川敷にたまったり，洪水を緩和するために作られた水制（すいせい）に囲まれたワンドは，イシガイなどの二枚貝に産卵するイタセンパラなどのタナゴ類をはじめ，さまざまな魚類に生息地を提供している．

　さらに下流の河口部には，汽水域の生物が生息するが，それについては，汽水域の項で説明する．

3）河川の環境と生物

　自然の河川を上空から見ると，蛇が動いているような形に蛇行（だこう）して流れている．河川が蛇行して岸にぶつかった場所は，水深が深くなっており，淵（ふち）と呼ばれている．これに対して，河川が直線的に流れる部分は，水深が浅

蛇行して流れる房総半島の小糸川

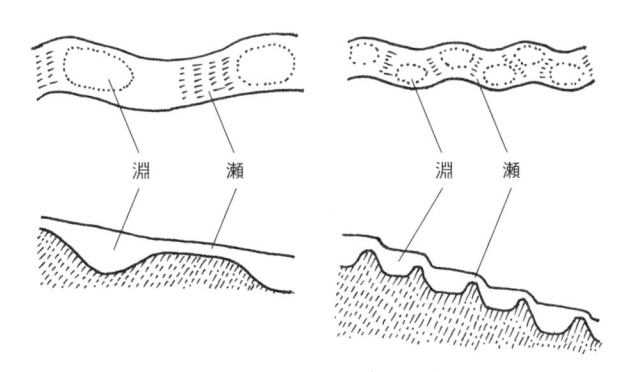

図3-1　蛇行する河川の淵と瀬
　　　（出典：可児藤吉（1939）をもとに作図）
　　　平地を流れる河川（左）に比べ，山地を流れる河川
　　　（右）は淵と瀬が頻繁に繰り返される．

くさざなみだっており，瀬（せ）と呼ばれる．少し上流の渓流は，中流部ほど蛇行していないが，やはり淵と瀬が交互に繰り返して現れる．
　淵と瀬では，そこに見られる生物の種類も違ってくる．たとえば，淵にはモンカゲロウのような泥に潜って生活するカゲロウ類が生息しているのに対して，瀬には速い流れに流されないように扁平な体型をしたヒラタカゲロウが生息してい

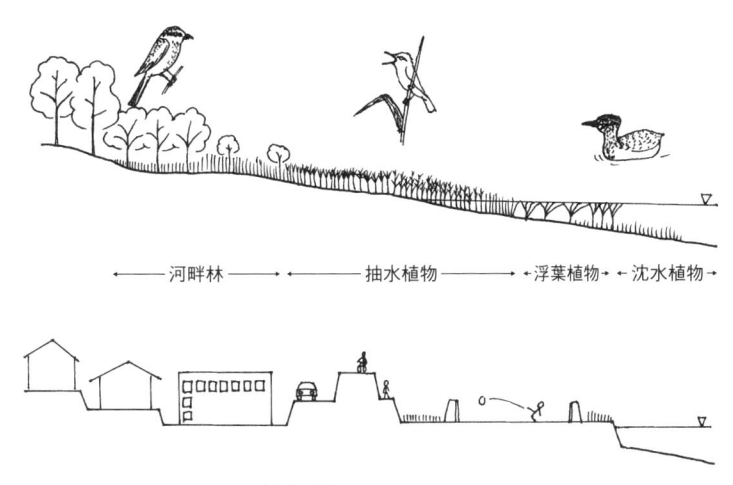

図3-2 河川のエコトーン（移行帯）
自然の河川では，河畔林から抽水植物，浮葉植物，沈水植物にいたる水辺のエコトーンが見られるが，コンクリート護岸に改修されると河川の生物群集は単調なものとなってしまう．

る．河川改修によって，河道（かどう）が直線化されると，淵と瀬の違いがなくなって，生息する生物が単純化してしまう．

　自然の河川では，ヤナギ類などの河畔林（かはんりん）からヨシなどの抽水植物（ちゅうすいしょくぶつ）を経て，浮葉植物から沈水植物にいたる水辺の移行帯（エコトーン）が見られる．それぞれの植物帯には，河畔林のモズやノスリ，ヨシ原のオオヨシキリやセッカなど，独特の鳥類群集が見られ，生物多様性を高めている．しかし，河川改修によって，コンクリート護岸に改修されてしまうと，河岸の生物群集も単調なものとなってしまう．

表3-1　水質階級と指標生物

水質階級	指標生物
貧腐水性域 （大変きれいな川）	サワガニ，プラナリア，ヘビトンボ，カワゲラ，ヒラタカゲロウ，ナガレトビケラ
β中腐水性域 （やや汚れた川）	コカゲロウ，ヒメカゲロウ，コガタシマトビケラ，モノアラガイ
α中腐水性域 （汚れた川）	ミズムシ，シマイシビル，サカマキガイ
強腐水性域 （大変汚れた川）	イトミミズ，ユスリカ

また，河川の水質によって，生息する生物の種類が異なってくる．上流の清流には，カゲロウ類，カワゲラ類，トビケラ類などの幼虫やサワガニ，ヘビトンボ，プラナリア（ウズムシ）などの汚れに弱い水生生物が，中流には，シマイシビル，ミズムシ，サカマキガイなどのやや汚れに強い水生生物が，下流の汚染が進んだ場所には，イトミミズやセスジユスリカなどの汚れに強い水生生物が生息している．生物学的水質判定のものさしとなる生物を，指標生物（しひょうせいぶつ）と呼んでいる．

2. 湖沼

1) 世界と日本の湖沼

　世界で最大の湖沼は，ロシア，カザフスタン，トルクメニスタン，アゼルバイジャン，イランに囲まれたカスピ海であり，日本の国土面積ほどの広さ（面積37万km^2）がある．世界で最も水深が深いのはロシアのバイカル湖（水深1,741m），最も標高が高いところにあるのはペルーとボリビアにまたがるチチカカ湖（標高3,812m），最も標高が低いのはヨルダンとイスラエルにまたがる死海（標高－400m）である．死海には海に流れ出る河川がないため，塩分濃度が25％と海水の7倍にも達するため，湧水が見られる場所以外では魚もすめない死の海といわれる．

　日本で最大の湖沼は滋賀県の琵琶湖（面積670km^2），2番目は茨城県の霞ヶ浦（面積168km^2）である．水深が深いのは秋田県の田沢湖（水深423m）で，北海道の支笏湖（水深360m），青森県・秋田県にまたがる十和田湖（水深327m）がこれに続いている．琵琶湖は，400万年に及ぶ歴史を持ち，カスピ海，バイカル湖に次ぐ古代湖として知られる．霞ヶ浦は，1963年に常陸川水門によって利根川河口からの海水の流入が止められる前は，塩分の混じる汽水湖であった．

　湖沼は，その成因によって，さまざまな類型に分けられる．摩周湖，十和田湖，田沢湖のように火山の河口に水がたまったカルデラ湖や，琵琶湖や諏訪湖のように地殻変動によって生まれた構造湖（こうぞうこ）は，水深が深いのが特徴である．中禅寺湖や神奈川県の震生湖（しんせいこ）のように火山の噴火や山崩れに

よって河川が堰き止められてできた堰止湖（せきとめこ），我孫子市の古利根沼のように河川の流路が変わってできた三日月湖などもある．サロマ湖や宍道湖のように海の入り江が閉ざされてできた海跡湖（かいせきこ）は汽水湖である場合が多い．日本ではあまり見られないが，寒冷な地域には氷河が削ってできた場所にできた氷食湖（ひょうしょくこ）なども見られる．

2) 湖沼の時間的変化

　湖沼は，季節的にさまざまな変化を見せる．最も大きな変化は，水温の変化である．温帯から寒帯の湖沼では，冬に湖水が凍結する季節でも，湖底まで凍結することはほとんどない．それは水が4℃のときに最も密度が高くなるという性質を持っているので，湖面が凍結する氷点下の気温になっても，湖底は4℃を保っているためである．春になると，気温が上がり，湖面の氷が融けて，湖面の水温のほうが湖底の水温よりも高くなる．このときに，湖底の水と湖面の水が入れ替わる，春の循環（スプリング・ターンオーバー）が起こり，湖底に堆積した栄養塩が湖水に供給され，植物プランクトンが増加する．夏になると，湖面の水温が上がり，

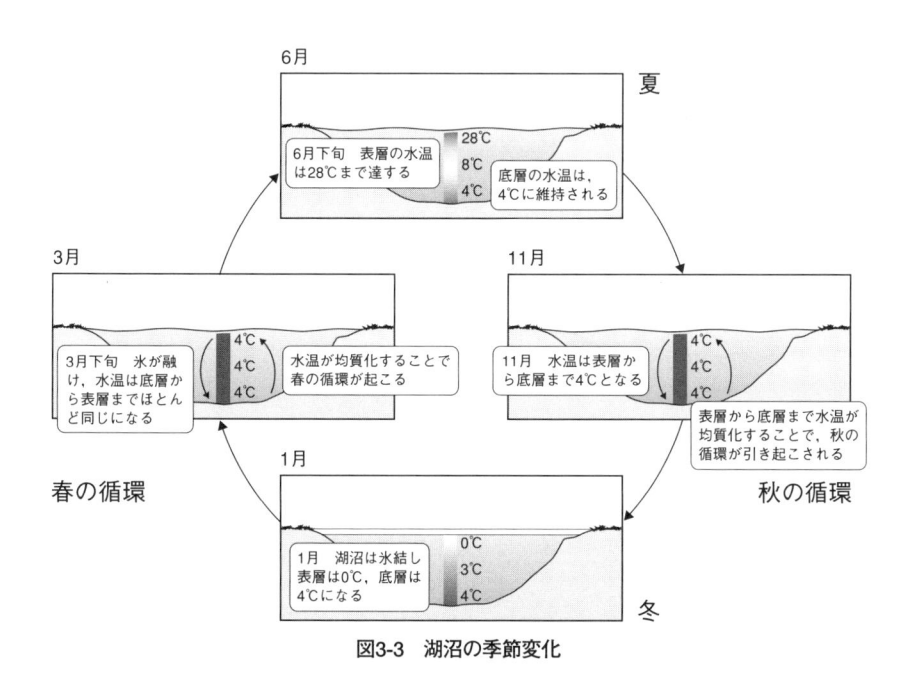

図3-3　湖沼の季節変化

湖底の水温と大きな差ができる．この差が顕著になると，湖面の水と湖底の水の間に水温躍層（すいおんやくそう）ができて，湖底には酸素が行き渡りにくくなる．秋になると，再び湖面の水温が低下し，秋の循環（オータム・ターンオーバー）が起こり，再び湖底の水と湖面の水が入れ替わる．

　湖沼の成因によって，その寿命は大きく異なるものの，湖沼はいつの日にか，土砂の流入などによって浅くなり，最終的には陸となってしまう．こういった長期にわたる湖沼の時間的変化は，湿性遷移（しっせいせんい）と呼ばれ，草原から森林に変化する乾性遷移（かんせいせんい）と対比される．

3) 湖沼の環境と生物

　湖沼は，流入する河川や流出する河川があるのが普通だが，河川に比べれば水の滞留時間が長いため，流域の都市化などによって，富栄養化しやすい環境にある．とくに平地や盆地にある，水深の浅い湖沼は，人間活動の影響を受けやすい．

　千葉県北西部にある手賀沼（てがぬま）は，面積6.5km^2，平均水深0.9mの浅い湖沼である．かつては，印旛沼，霞ヶ浦とともに香取海（かとりのうみ）の入り江のひとつであり，戦後大規模な干拓が行われる以前は，現在の倍以上の面積が

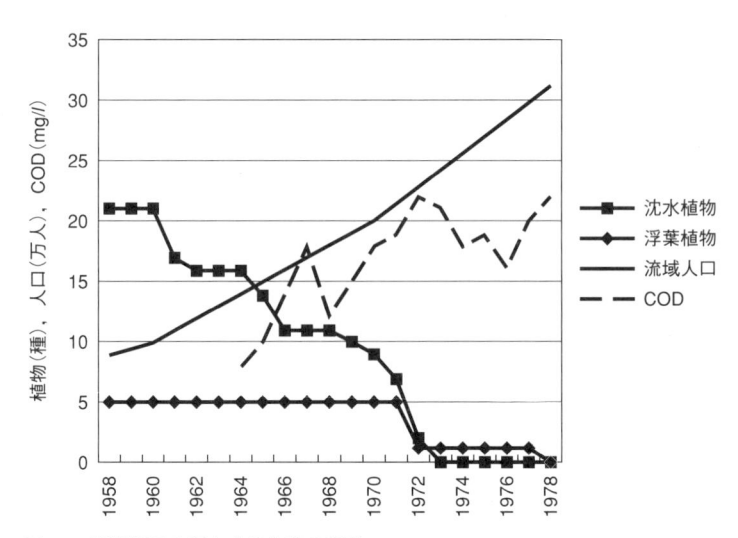

図3-4　手賀沼の水質と水生生物の変化
　　　（出典：山田安彦・白鳥孝治・立本英機編（1993）印旛沼・手賀沼—水環境への提言　をもとに作図）

あった．干拓前の手賀沼には，40万羽以上のガンカモ類が飛来し，網による水鳥猟が行われていた．また，手賀沼には，アサザなどの浮葉植物，ガシャモクなどの沈水植物が繁茂し，農家の人々は肥料にするために競って「藻刈り」を行ってきた．しかし，干拓が完了し，流域人口が10万人を超えた1960年代頃から水質の悪化が進むと，湖水の透明度が低下し，水生植物とくにガシャモクに代表される沈水植物が著しく減少し，それに続いて魚類の種類も減少していった．

1974年から2001年まで，手賀沼は27年間連続で水質ワースト1という不名誉な記録を続けてきたが，流域の水質対策や国土交通省の北千葉導水事業（利根川の水を江戸川に導水すると同時に，手賀沼に利根川の水を流して水質浄化することを目的とした事業）によって，水質の改善が見られる．しかし，一度，沈水植物を中心とした生態系から，植物プランクトンを中心とした生態系に変化してしまうと，それを元に戻すことは容易ではない．このような生態系の不連続的な変化を，生態系レジームシフト（構造変化）と呼ぶ[1]．

3. 汽水域

1）日本の汽水域

河川に海水が遡上する河口域や，河口が砂などによってふさがれた海跡湖（かいせきこ）は，海水と淡水が交じり合う汽水域（きすいいき）と呼ばれる．日本最大の汽水域であった秋田県の八郎潟は，琵琶湖に次ぐ日本第二の面積（220km^2）を持つ湖沼（海跡湖）であり，日本最大のシジミの産地であったが，1957年から始まった干拓事業によって，ほとんどが農地に変わり，現在は27.7km^{2}が淡水湖として残されているに過ぎない．それに次ぐ汽水域であった茨城県の霞ヶ浦も，1963年に完成した常陸川水門によって利根川河口域と分離され，淡水化された．利根川河口域は，1971年に完成した利根川河口堰によって淡水化され，八郎潟に次ぐ日本第二のシジミの産地も姿を消した．また，1995年に完成した長良川河口堰により，伊勢湾に注ぐ長良川の汽水域も姿を消した．

---

[1] レジームシフトとは，本来，気候変動などにより，海洋生態系の構造が変化し，それまで捕獲されていたイワシが減少し，サンマが増加するなどの現象を指す．

中海・宍道湖（島根県・鳥取県）は，1963年に干拓・淡水化事業が始まり，干拓が開始されたが，1988年に淡水化はいったん中断された．八郎潟，霞ヶ浦，利根川河口などが，干拓や淡水化によって失われた現在，中海・宍道湖は日本に残された最大の汽水域であり，最大のシジミの産地となっていたからである．2000年には最後の干拓事業である本庄工区の干拓が中止，2002年には淡水化も中止され，2005年にはラムサール条約の登録湿地となった．

　このように日本の汽水域は，干拓・淡水化，河口堰などの建設によって，次々と失われてしまったが，現在でも北海道のサロマ湖（151.86km^2），厚岸湖（32.3km^2），静岡県の浜名湖（65.0km^2）などが，カキ，ホタテガイなどを産する汽水域として残されている．また，四国の吉野川，四万十川などの河口も汽水域で，モクズガニやテナガエビなどを産する．沖縄の西表島の仲間川，浦内川などは，汽水域にマングローブ林が広がり，ミナミトビハゼやオキナワアナジャコ，ノコギリガザミなどが生息している．

2) 汽水域の空間的・時間的変化

　汽水域では，淡水と海水が均等に混合されているわけではなく，淡水に比べて比重の重い海水が，淡水の下にもぐりこんだような空間配置をしている場合が多い．

　河口域の場合は，河川水が上流から下流に向かって流れる下を，海水が川底に沿って遡上する．この海水の層は，その姿が楔形であることから，塩水楔（えんすいくさび）と呼ばれる．塩水楔は，満潮時には最も上流まで遡上し，干潮時は河口近くまで降下する．利根川の場合，河口堰ができる前は，河口から40kmの佐原よりも上流まで遡上していた．塩水楔の先端付近では，河川が運んだ粘土や有機物などさまざまな粒子が海水と接触してコロイド状になって沈降する．そのため，塩水楔先端付近は濁度が高く，海洋物理学では濁度最大域と呼ばれる．塩水楔先端付近では，沈降した物質の分解のために酸素が消費されて，常に貧酸素状態にある．そう考えると，塩水楔が河口から遡上することは，悪いことのように思えてしまうが，塩水楔は海の潮汐によって日に2往復移動するので，底生生物を死滅させてしまうようなことはない．むしろ塩水楔は，シジミの稚貝やシラスウナギなど，自力では遡上できない生物を運ぶ役割を果たしているのである．

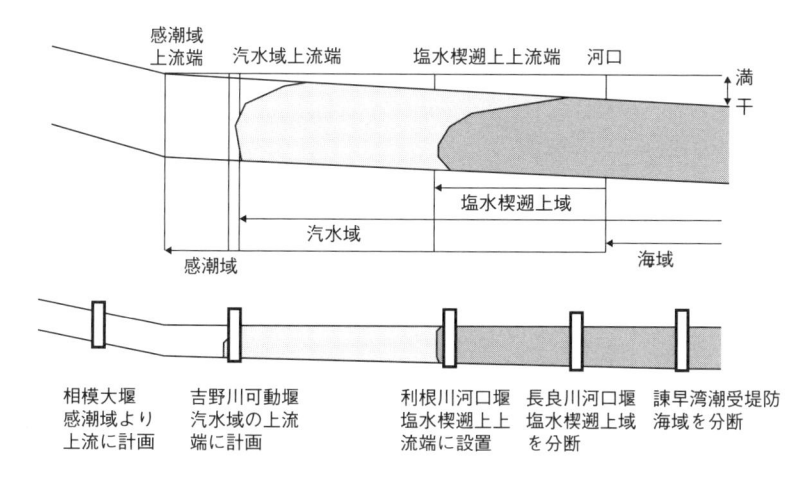

図3-5 汽水域の空間構造と河川工作物
（出典：日本自然保護協会（2000）河口堰の生態系への影響と河口域の保全）

河口堰が汽水域に作られると，塩水楔は行き場を失い，河口堰の直下流にとどまってしまう．河口堰から流れ落ちる河川水を補うように，海から河口堰に向かう循環流を形成し，河口堰の直下流に粘土や有機物など細かな粒子を堆積させる．堆積物は分解する際に酸素を消費するが，表層が淡水，底層が海水という塩分成層（えんぶんせいそう）が形成されているために，底層に酸素が供給されず，長時間堰を締め切ったままにすれば，無酸素状態のヘドロの層を作ってしまう．このような河口堰下流の底泥の堆積は，利根川河口堰，長良川河口堰，旧吉野川・今切川河口堰など，さまざまな河口堰で観測されている．

3）汽水域の生物

汽水域は，河川の中で最も生物の多様性が豊かな地域である．

植物では，アシ原を形成するアシ，オギ，マコモなどのほか，汽水に適応したシオクグやイセウキヤガラなど，また河口の干潟にはコアマモなどが見られる．

昆虫類では，利根川・江戸川河口のヒヌマイトトンボなど，汽水域のアシ原に生息するトンボ類，吉野川河口のルイスハンミョウなど甲虫類が見られる．

底生生物を代表するのは，ヤマトシジミやゴカイなどの砂泥底に生息する生物たちである．甲殻類では，モクズガニ，クロベンケイガニ，アシハラガニ，ヤマ

トオサガニなどのカニ類，軟体動物ではカキなどの貝類が見られる．

　魚類では，海水から淡水へと塩分濃度が大きく変化するため，それに合わせて浸透圧を変化させることのできる魚が生息する．海側に生息するトビハゼ，ボラ，アカエイ，シロウオなどの魚に加え，川と海とを行き来するサケ，ウナギ（稚魚はシラスウナギ），また外来魚のハクレン，ソウギョ，カムルチーなども見られる．

　鳥類では，底生生物を採食するシギ・チドリ類，スズガモ，キンクロハジロなどの潜水カモ類，魚類を捕食するコアジサシ，カワウなどの水鳥が見られる．またアシ原には，オオヨシキリ，セッカなどが生息する．利根川河口のアシ原は，コジュリンの重要な生息地となっている．

II 河川・湖沼の保全と再生

1. ダム等による河川生態系への影響

　河川に作られる工作物のうち，最も数多く見られるのがダムであろう．ところが，みなさんがダムと思っているものの中には，正確にはダムではないものがある．ダムは，国際的には高さ5m以上でかつ貯水容量が300万m^{3}以上のものをいうが，日本の河川法では，高さ15m以上のもののみをダムといい，それに満たないものは，堰（せき）と呼んでいる．ダムの目的には，治水（洪水防止），利水（貯水，発電）などがあるが，河川上流の土砂の流出を防止するために作られているものは，砂防ダムあるいは砂防堰堤（さぼうえんてい）と呼ばれる（砂防法では，高さ7m以上のものを砂防ダム，それに満たないものを砂防堰堤と呼んでいる）．砂防ダムと同じように見えても，山崩れを防ぐ治山目的で作られたものは，治山ダム（あるいは床固工）と呼ばれ，森林法に基づいて設置されている．また，堰と同じように見えても，農業用水の取水を目的としたものは，頭首工（とうしゅこう）と呼ばれ，農林水産省の管轄である．ダムの形式としては，コンクリートで堤体を作る重力式ダム（奥只見ダム）あるいはアーチ式ダム（黒部ダム）など

のコンクリートダム，岩石で川を堰きとめて作るロックフィルダム（徳山ダム），土砂で川を堰きとめて作るアースフィルダム（ため池など）がある．あまりに複雑なので，本書ではダムや堰などをひっくるめて，ダム等と呼ぶことにしたい．

日本にあるダム等の数を正確に言える人は誰もいないだろう．しかし，ダム等が河川環境に大きな影響を与えたことは誰もが認めるところである．ダム等が河川環境に与えた影響を，いくつかの事例をもとに見てみたい．

2．川辺川ダムが河川・海域に与える影響

熊本県の山中に源を発し，五木の子守唄で知られる五木村を南に向かって流れ，その下流の相良村で球磨川と合流する川辺川は，日本でも有数の天然アユの産地として知られる．球磨川は，人吉盆地をゆっくり東に流れ，球磨村にある球泉洞あたりから再び急流となり，北上して八代海に注いでいる．球磨川には，市房ダム，瀬戸石ダム，荒瀬ダムと，いくつものダムが建設されているが，川辺川にはダムがないため，球磨川よりも豊かなアユの産地となっている．

1966年に農業用利水・洪水調整を目的に川辺川ダムが計画され，ダム建設に伴う付け替え道路建設などは終了したが，ダム本体の建設にはいたっていない．その理由の一つが，河川生態系への影響であり，アユを主な漁種としている球磨川漁協が国の示す補償案を否決し，漁業権を放棄しないという立場を堅持しているためである．国はダム建設のために漁業権を強制収用するという強硬手段に出たが，一方で利水裁判[*2]によって農業利水のためのダム建設という建設目的が失われてしまった．

もし，川辺川ダムが建設されると，河川生態系はどのような影響を受けるのだろうか．日本自然保護協会が，2003年にまとめた『川辺川ダム計画と球磨川水系

[*2] 川辺川ダムの建設目的の一つである国営川辺川土地改良事業にあたっては，農家の地元負担が必要となるため同意書が必要だが，国が集めた同意書には本人の署名でないものや当時すでに死亡していた人の署名が含まれており，この同意書の無効を求めて農民が起こした訴訟．2003年熊本地方裁判所は原告の訴えを認め，同意書は無効であると判断した．その後，農林水産省は新たな利水計画を立てたが，2006年に地元相良村長がダムによらない利水を主張し，国営川辺川土地改良事業からの脱退を表明している．

の既設ダムがその流域と八代海に与える影響』には，ダムが河川環境に与えうる影響が実証的な調査によって明らかにされている．

　ダムができると，上流の湛水域（たんすいいき）は，水の流れない止水域（しすいいき）となってしまうため，夏になると植物プランクトンが発生するようになる．日本中の多くのダムで，藍藻類のアオコが発生し，それによる水質悪化を防ぐために，人工的に空気を補給する曝気装置（ばっきそうち）を取り付けている．また，湖沼と同じように，夏になると，水面の水温よりも湖底の水温のほうが低くなる水温躍層（すいおんやくそう）ができて，底層に酸素が行き渡らなくなる．植物プランクトンの遺骸や森から流れてきた落ち葉は，底層に堆積し，分解する過程で酸素を消費するため，ダムの底の泥は真っ黒なヘドロの層となってしまう．

　こういった状態となると，ダムから放流されるのは，低温で貧酸素の水となるため，下流ではアユの成育に大きな影響が出る．すでに市房ダムが作られている球磨川のダム下流のアユとダムのない川辺川のアユを比較すると，川辺川のアユのほうが大きく，そればかりでなく味もよい．川辺川のアユの腹を割いてみると，石に付着している珪藻を食べているため，緑色でアユ独特のにおいがするが，ダム下流のアユの腹を割いてみると，真っ赤な色をしている．ダム下流では，清流に見られるような珪藻を中心とした藻類群集から，藍藻を中心とした藻類群集に変化したため，アユはそれを主食にしているのである．

　近年，ダムができることによって，河川から海への砂の供給が少なくなり，海岸線が侵食されるということが，日本全国で問題となっている．球磨川の本流にある3つのダムには，2000年までに480万m^3もの砂が堆積し，取り除いた砂220万m^3を加えると，700万m^3に達する．本来，球磨川から八代海に流れ，豊かな干潟を形成していた土砂が，ダムによって止められることによって海に届かなくなってしまったのである．

　それなら，ダムのゲートを空けて，土砂を川に流したらよいと考えるかもしれないが，ダムの底に堆積しているのは，有機物を多く含み，貧酸素の泥なのである．富山県の黒部川では，出し平ダムの寿命を延ばすために，1991年にゲートを開けて底にたまった泥を流したところ，富山湾の漁業に壊滅的な影響を与えてし

まった．ダムの底にたまった泥は，出水時（大雨で河川が増水した時）に一挙に流れ出る．球磨川の3つのダムの下流部では，2001年の出水時の水質が，平水時（平常時）に比べて，COD*3で52倍，全窒素で16倍，全リンで74倍にも達した．

ダムの建設は，流域に生息する野生生物にもさまざまな影響を与える．川辺川ダムは，岩石を川に沈めてダム本体をつくるロックフィル式ダムなので，岩石を採取する原石山が必要となる．当初，原石は相良村の山を削って採取する予定であったが，その山は希少種のクマタカにとって重要な餌場として使われていた．クマタカ研究グループの調査によってこれが明らかとなり，ここを原石山とすることは中止された．

また，ダムによって沈む五木村には，九折瀬（つづらせ）洞という全長1km以上に及ぶ洞窟がある．洞窟内部は，気温18度，湿度80％以上に保たれており，コウモリの糞がたまったグアノに依存する真洞穴性生物が生息している．とくに，ツヅラセメクラチビゴミムシ，イツキメナシナミハグモの2種は固有種であり，ここで絶滅すれば地球上から姿を消すこととなる．

このように，ダム建設は河川生態系のみならず，海域や洞窟まで含む流域全体の生物圏に大きな影響を与えるのである．

3. 長良川河口堰問題

1960年代に急速に都市化・工業化がすすむと，都市用水，工業用水の需要が高まり，都市や工業地帯に近い河口域に堰をつくって，そこから取水しようという計画が出てきた．しかし，河口域は汽水域でもあるため，そこから淡水を得るためには，堰で河口を締め切って塩水の遡上を防がなくてはならない．これによって，全国の主要な河口域が堰でせきとめられ，豊かな汽水域が失われていったのである．

1964年の東京オリンピックの年に渇水を経験した東京都は，水源を多摩川から利根川に求め，上流にダムを建設するとともに，下流に河口堰を建設して水利権

---

*3 COD（化学的酸素要求量）：有機物による水質汚染を示す指標で，河川水に含まれる有機物を化学的に分解する時に必要な酸素の量（mg/l）で表す．

を開発した．1971年に千葉県東庄町に利根川河口堰が完成すると，日本一のシジミの産地であった利根川河口域のシジミ水揚高は年を追って減少し，現在はほとんどシジミをとることができなくなっている．

1968年には木曽三川の長良川に河口堰が計画されたが，長良川の漁民たちはこれに反対し，中止を求める陳情を行った．1973年に河口堰建設の事業認可が下りると，漁業者は事業認可の差し止め訴訟に踏み切り，26,000人が原告に加わるマンモス訴訟となった．

長良川は，岐阜県の大日ヶ岳に源を発し，郡上八幡，岐阜などを経て，伊勢湾に注ぐ河川で，本流にダムのない数少ない清流の一つであった．そのため，アユやサツキマスなどの魚類や，河口域はシジミの生産地として，伝統的な漁業が営まれていたのである．

しかし，1988年には最後まで反対していた三重県の赤須賀漁協が河口堰の建設に同意し，河口堰建設が目前に迫ると，一般市民による河口堰建設反対運動が活発化していった．このような反対運動にもかかわらず，1994年に河口堰は完成し，湛水試験を経て，1995年から河口堰が本格的に運用された．その結果，長良川の河口域がどのように変化したかを，長良川河口堰事業モニタリング調査グループ・長良川フォーラムによる『長良川河口堰が自然環境に与えた影響』から見てみよう．

堰には，堰堤が固定された固定堰，堰堤に複数のゲートが取り付けられていて水流を操作できる可動堰などいろいろなタイプがあるが，利根川や長良川の河口堰は，可動堰タイプである．河口堰は，浚渫による洪水の流下能力の向上と塩水遡上の防止，淡水化による都市用水・工業用水の開発などの目的を持っている．可動堰は，洪水時以外は，ゲートを閉めて塩水の遡上を防ぐとともに，湛水域の水位をあげて淡水をためる操作をするのである．

湛水域にたまる淡水は，たくさんの有機物を含んでいるので，長時間ためておけば植物プランクトンが発生し，水質の悪化を招く．あまりに植物プランクトンの量（クロロフィルa[*4]という葉緑素の量で表す）が増えると，フラッシュ操作と

[*4] クロロフィルa：河口堰ができてから，湛水域にはクロロフィルaの量にして，1リットルあたり60〜80マイクログラムという高い値を頻繁に記録するようになった．

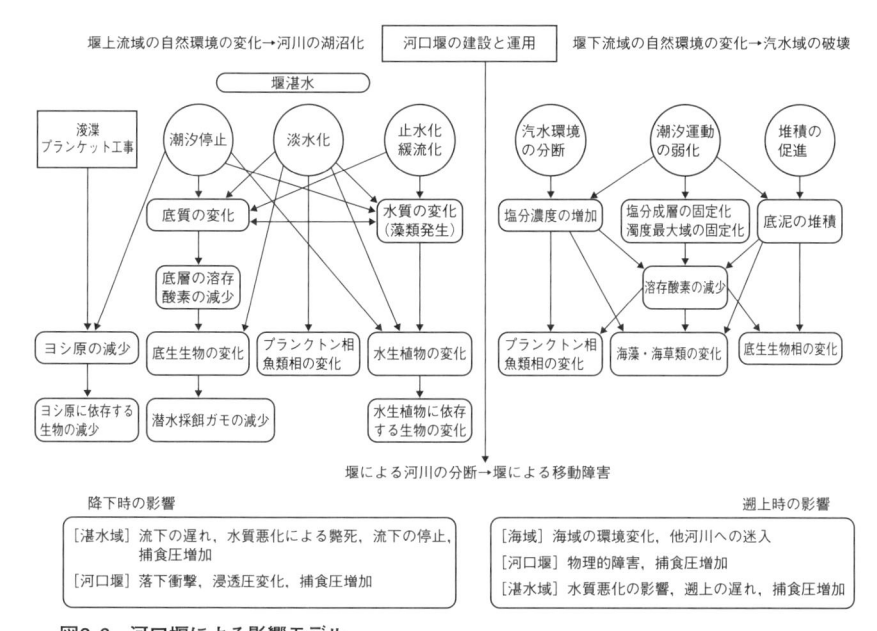

第3章 河川・湖沼生態系の保全と再生

```
堰上流域の自然環境の変化→河川の湖沼化    河口堰の建設と運用    堰下流域の自然環境の変化→汽水域の破壊

                        堰湛水
  浚渫           ┌─────┬─────┬─────┐        ┌─────┬─────┬─────┐
ブランケット工事  潮汐停止  淡水化  止水化       汽水環境  潮汐運動  堆積の
                              緩流化         の分断   の弱化   促進
                    ↓      ↓      ↓           ↓      ↓      ↓
                  底質の変化  水質の変化       塩分濃度  塩分成層の固定化  底泥の堆積
                            (藻類発生)        の増加   濁度最大域の固定化
                    ↓                                ↓
                  底層の溶存                        溶存酸素の減少
                  酸素の減少
    ↓        ↓        ↓        ↓           ↓        ↓        ↓
  ヨシ原の減少  底生生物の変化 プランクトン相 水生植物の変化  プランクトン相 海藻・海草類の変化 底生生物相の変化
                        魚類相の変化                      魚類相の変化
    ↓              ↓                ↓
  ヨシ原に依存する    潜水採餌ガモの減少    水生植物に依存
  生物の減少                          する生物の変化
```

堰による河川の分断→堰による移動障害

降下時の影響

[湛水域] 流下の遅れ，水質悪化による斃死，流下の停止，捕食圧増加
[河口堰] 落下衝撃，浸透圧変化，捕食圧増加

遡上時の影響

[海域] 海域の環境変化，他河川への迷入
[河口堰] 物理的障害，捕食圧増加
[湛水域] 水質悪化の影響，遡上の遅れ，捕食圧増加

図3-6 河口堰による影響モデル
（出典：日本自然保護協会（2000）河口堰の生態系への影響と河口域の保全）

いって，可動堰をさげて表層の植物プランクトンを流す操作を行う．しかし，利根川などと比べて，距離が短い長良川では，植物プランクトンだけでなく落ち葉なども堆積し，川底からメタンガスが発生するほどの状態となってしまった．

また，フラッシュ操作によって下流に流された植物プランクトンは，海まで流れてしまうかというとそう簡単ではない．先に述べたように，堰の下流では表層の河川水を補うように，底層を堰に向かって流れる循環流が発生するため，堰の直下にもっとも多くの堆積物が見られるようになる．長良川ととなりの揖斐川を横断するように泥の堆積を調べたところ，揖斐川では川底は砂でシジミも混じっていたのに対して，長良川の川底は有機物を多く含んだ真っ黒な泥で，最大2mもの堆積が見られた．

堰の上下流の川底が，砂から泥に変わると，シジミをはじめとする底生生物は生息できなくなり，わずか3年後には，川底をシジミをとる鋤簾（じょれん）でかいても，とれるのは死貝とごみばかりという状態になってしまった．底生生物が

減少すると，それを捕食するキンクロハジロなどの鳥類も減少した．利根川河口堰でも食物連鎖を通じた鳥類の減少が見られている．堰の上流では，水位があがったため，アシ原が半分以下の面積に衰退し，アシ原に生息するオオヨシキリやセッカなどの鳥類が減少した．

長良川では，アユ，サツキマスといった，河川を回遊する魚類への影響が懸念されたため，河口堰の両側に魚道が作られ，その効果が測定された．アユについては，国は400万尾以上が順調に遡上していると報告を出している．アユは長良川の中流で産卵し，生まれたアユの仔魚は，海に下って成長する．河口堰ができてからアユの仔魚の降下に時間がかかるようになった．長良川中流の漁業者は，アユは大きく減少したと感じており，国の主張と実感とのギャップが大きい．サツキマスは，河口から38km地点での漁師の捕獲数が河口堰建設前には1000尾以上であったが，河口堰ができて5年後に300尾以下となり，遡上時期も5月から6月にずれこんだために，そのためサツキマス（五月鱒）として高く出荷することができなくなってしまった．

河口堰の影響は，このように河川の湖沼化，汽水域の消失，回遊魚の障害，食物連鎖を通じた生態系全体への影響をもたらすことが次第に明らかとなってきた．

4．河川・湖沼を保全・再生する法制度

国や地方自治体においても，河川・湖沼の自然再生事業が行われるようになってきた．1990年にはすでに「多自然型川づくり」が国から都道府県に通達され，1994年には建設省河川局から環境政策大綱が発表され，1997年の河川法改正につながった．

＜河川法＞

1997年に改正された河川法は，これまでの，治水，利水に，水質・景観・生態系等を含む河川環境の整備と保全を法律の目的に加えた．また，河川整備計画の策定にあたって，地域住民の意見を反映させることを義務づけた．淀川水系では，2002年に学識経験者に地域の自然に詳しい市民を加えた淀川水系流域委員会が設置され，ダム以外の手段が見つからない場合以外は，ダムによらない治水，利水

を行うという原則が確認された*5．一方，吉野川や利根川では，学識経験者と流域住民の意見は別々に聴取するという方式がとられるなど，公共事業に対する社会的合意のあり方は，まだ試行錯誤の段階にあるといえるだろう．

＜湖沼水質保全特別措置法（湖沼法）＞

湖沼の水質の保全を図るため，必要な規制を行う等の特別の措置を講じ，国民の健康で文化的な生活の確保に寄与することを目的として，1984年に制定された．湖沼は，閉鎖水域であるため，水質汚濁が進みやすいことから，環境大臣は水質保全基本方針を定めるとともに，水質保全施策を総合的に講ずるべき湖沼を指定湖沼に指定する．現在，霞ヶ浦，印旛沼，手賀沼，諏訪湖，野尻湖，琵琶湖，児島湖，中海・宍道湖などが指定湖沼となっている．また，都道府県知事によって湖沼水質保全計画が立てられ，汚濁負荷削減のための規制，COD，全窒素，全リンを基準とした水質モニタリングが行われている．しかし，北千葉導水の導入によって水質向上が見られた手賀沼などを除くと，湖沼の水質基準の達成率は50％程度であり，河川や海域に比べると達成率が低いままである．

＜自然再生推進法＞

2002年には環境省，国土交通省，農林水産省が主務官庁となって，過去に損なわれた自然環境の再生を推進する「自然再生推進法」が成立した．この法律は，河川のみならず，森林，里山，干潟，サンゴ礁などさまざまな生態系を対象としているが，河川に関しては北海道の釧路湿原で，2003年に自然再生協議会が設置され，2005年には釧路川の再蛇行化を含む自然再生全体構想が策定された．

自然再生事業に対しては，さまざまな批判があるが，本来の自然がどのようなものであるかを踏まえたうえで，市民参加で実施できるかどうかが鍵となるだろう．私の考える自然復元の7つの条件を次ページのコラムに紹介する．

★5 淀川水系流域委員会：2001年国土交通省近畿地方整備局が設置したもので，52名の委員からなる．2003月「新たな河川整備をめざして」という提言をまとめ，2003年に「河川整備計画基礎原案」に対する意見を提出した．2005年からは第2次委員会を設置し淀川水系のダムの検討を行っていたが，2007年1月，国は委員会の活動を休止，同年8月に活動を再開した．

自然復元の7つの条件

① 今ある自然を大切にする

　多自然型川づくりでは，全国一律に通達したため，良好な自然環境が残されている場所に，新たな自然再生を行うということが行われた．自然再生にあたっては，地域の自然環境を調査し，現在残された自然（種・生態系）を生かすようにすべきである．

② 特定の種だけではなく，生物のつながりや生態系全体を復元する

　ホタル，トンボなど種を再生目標として設定すると，特定の種の復元が目的になってしまいがちだが，特定の種はあくまでも目標であって，最終目的は生態系の復元であることを忘れないようにすべきである．

③ よその土地の種ではなく，もとあった種を回復する

　自然再生にあたって，外来種の導入にならないように注意すべきである．

④ 点の回復ではなく，空間的な生態系のネットワークを回復する

　小さなエリアの自然復元であっても，それらをつなげて生態系のネットワークを作ることを目標とすべきである．

⑤ 人間が作り上げてしまうのではなく，自然の回復力を助ける

　行政の予算は年度制をとっているため，年度内に完全に仕上げてしまおうという気持ちが働くが，人間が自然の回復力を助けるという姿勢で回復すべきである．

⑥ 自然の変化をモニタリングしながら，順応的な管理を実施する

　自然再生事業では，手を入れた自然の変化をモニタリングしながら，その結果をもとに次年度の計画に反映させる順応的な管理をすべきである．

⑦ 行政だけですすめず，計画段階から積極的に地域の市民参加を図る

第4章
海岸・沿岸域の保全と再生

　日本の海岸線の総延長は32,780kmあり，国土面積が25倍もあるアメリカ合衆国の海岸線20,000kmよりも長い．しかし，自然海岸の延長は18,100km（全体の55.2%）に過ぎず，残りは人工海岸や半自然海岸となっている．砂浜海岸の延長が200km以上残っている都道府県は，北海道，沖縄県，鹿児島県の3つに過ぎない．全国の干潟面積は約5万haであり，1945年に全国にあった干潟面積の63%ほどに減少，さらに有明海諫早湾の干拓によって1,500haもの干潟が失われてしまった．日本は海洋国であるにもかかわらず，海岸線の生態系や生物多様性の保全という視点からは，遅れているといわざるを得ない．この章では，海岸・沿岸域の生態系の特性を知った上で，日本の海岸・沿岸域の生態系をどのように保全すべきかを考えてみたい．

I 海岸・沿岸域の生態

1. 海岸

　自然海岸とは，人工物によって改変されず，自然の状態を保持している海岸を指す．潮間帯は自然の状態を維持しているが，海岸の一部が道路，護岸，テトラポッドなど人工物によって改変されている海岸，離岸堤などの構造物がある海岸は，半自然海岸と呼ぶ．

　自然海岸・半自然海岸は，潮間帯（ちょうかんたい）[*1]の基質の違いによって，岩礁，礫浜，砂浜，泥浜（干潟）などに分類される．外房のように外洋に面した海岸では，岩礁や礫浜・砂浜となり，内房のように波の穏やかな内湾では干潟が形成される．東京湾の干潟はかつて4km先まで広がっていたが，それだけ海岸の傾斜が緩やかで，潮間帯の面積が広かったということを意味している．潮間帯に見られる生物群集は，岩礁であればフジツボやイワガニなど，砂浜であればホタテガイやニホンスナモグリ，干潟であればアサリやアナジャコなどである．

　岩礁には，岩に付着して生活するフジツボなどの固着性の底生生物が多いため，潮上帯から潮下帯にいたる環境の傾度[*2]と生物間の競合の結果，帯状の生物分布を示す．海藻も，潮間帯上部にはアオサなどの緑藻が，中部には褐藻類，下部には紅藻類が見られる．これは，海に差し込む太陽光のうち，青色が最も深くまで届くため，それに適応した藻類の帯状分布であるといえる．

　砂浜は，乾燥した海岸の環境に適応した海浜植物群落の生育地として重要であるばかりでなく，ウミガメの産卵地としても重要な場所である．しかし，近年，

[*1] 海には主に月の引力によって潮汐（潮の干満）があるため，満潮時の海面（高潮線）と干潮時の海面（低潮線）の間は潮間帯と呼ばれ，1日に2回ずつ海面下になったり上になったりする（高潮線よりも上を潮上帯，低潮線よりも下を潮下帯と呼ぶ）．潮間帯が急傾斜の岩礁である場合は潮間帯の面積は狭いが，潮間帯の傾斜が緩やかであれば，砂浜や干潟が形成され，潮間帯の面積も広くなる．

[*2] 潮上帯は気温の変化も激しく，乾燥した厳しい環境だが，潮間帯上部→潮間帯下部→潮下帯と移るに従って，海の生物にとっては生息しやすい環境条件となる．この環境条件の変化を環境傾度と呼ぶ．

第4章　海岸・沿岸域の保全と再生

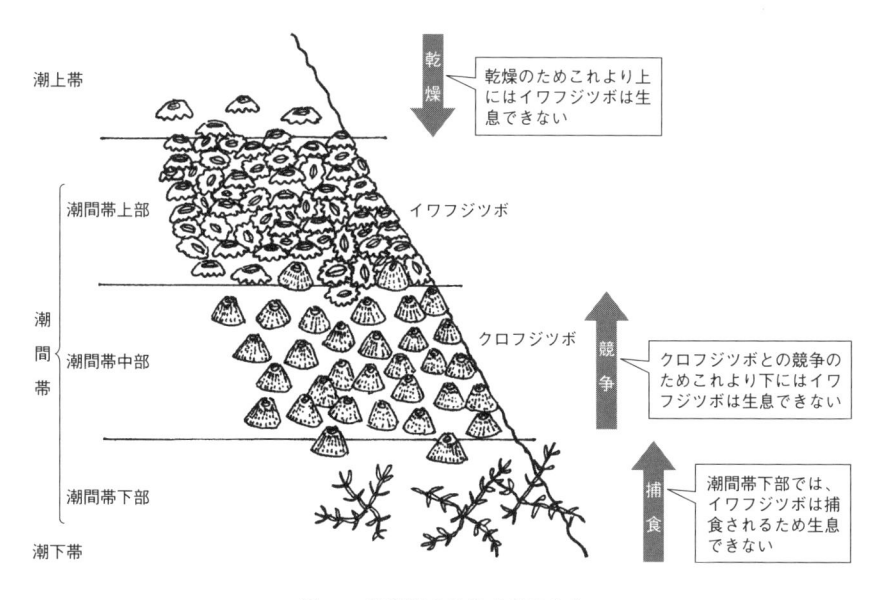

図4-1　潮間帯の生物の垂直分布

　ダム建設などによって河川からの土砂供給が減少し砂浜がやせ細ったり，海岸侵食を防ぐためにテトラポッドなどが設置されたりして，ウミガメの産卵の場は減少し，また，オフロードバイクや4WD車の侵入によって海浜植物群落も危機的な状況にある．

　干潟は，渡り鳥にとって休息や採餌の場所として重要である．干潟に流れ込んだ有機物は，食物連鎖を通じてカニやゴカイを食べる渡り鳥によって生態系の外に持ち出される．また，アナジャコの巣の壁面などに生息するバクテリアに分解される．潮間帯が海洋全体に占める面積はわずかだが，生物の生産あるいは有機物の分解という大きな役割を担っている．

2. 沿岸域

　沿岸域とは，海岸線を中心に，海側にも陸側にももう少し広い範囲を指し示している．国土地理院では海岸線を中心に海側1km，陸側1kmの範囲，旧科学技術

庁では水深30～100mの範囲を含むとしている．旧国土庁では，さらに広く，海岸線から10kmまたは水深50mまでの範囲を含むとしている．

知床が世界自然遺産として登録されるにあたって，IUCN（国際自然保護連合）が自然遺産登録範囲を海岸から1kmでは狭すぎるので海域の拡大を求めた．環境省はこれに応えて，北海道や漁業関係者と交渉し，海岸から3kmまでを推薦地域としたが，これはちょうど水深が200mから急に深くなる地域までを含んでおり，沿岸域の保全という点から妥当な範囲と判断された．

温帯・寒帯の沿岸域には，流入河川から窒素やリンが流れ込み，コンブ，ワカメ，アラメ，カジメ，ホンダワラなどからなる海藻藻場が成立する．河川から淡水が流れ込む汽水域には，アマモ，コアマモなどからなる海草藻場がみられる．海藻あるいは海草からなる藻場は，魚類の産卵や仔稚魚の成育の場，エビやカニなどの生息地として重要な役割を果たしている．

熱帯・亜熱帯の沿岸域には，サンゴ礁が見られる．進化論の父チャールズ・ダーウィンは，ビーグル号に乗船して太平洋のサンゴ礁を観察し，島の周辺に発達した裾礁（きょしょう）が，島が少しずつ沈降すると堡礁（ほしょう）となり，完全に島が水面下に沈むとサンゴ礁のみが残った環礁（かんしょう）となることを発見した．太平洋の島々には，環礁からなる島もあるが，沖縄のサンゴ礁は島のまわりに発達した裾礁である．サンゴは，クラゲやイソギンチャクと同じ刺胞動物門（しほうどうぶつもん）に属する動物であり，卵やプラヌラと呼ばれる幼生

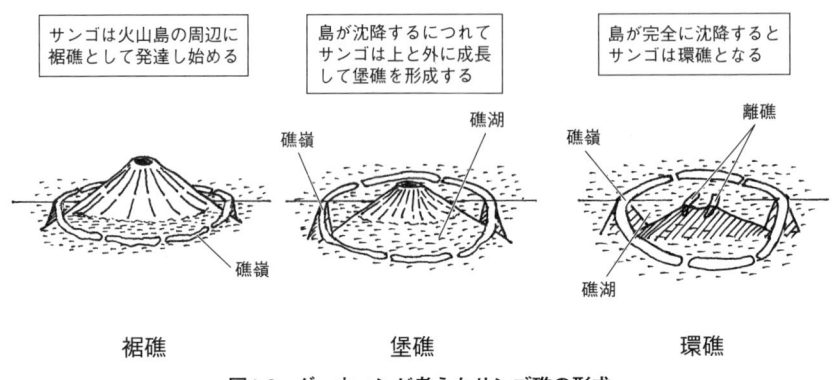

図4-2　ダーウィンが考えたサンゴ礁の形成

沖縄島辺野古（へのこ）の海草群落

のときは浮遊生活を送るが，岩などに付着してポリプとなると海中に溶け込んだ炭酸カルシウムを体につけて成長し，サンゴ礁を形成する．サンゴは動物，サンゴが作った地形がサンゴ礁だ．

　サンゴがつくった礁嶺（英語ではリーフエッジ，沖縄ではピーとかピシと呼ばれる）と海岸線にはさまれた浅い海は，礁池（英語ではラグーン，沖縄ではイノー）と呼ばれ，リュウキュウスガモ，リュウキュウアマモ，ボウバアマモなどからなる熱帯・亜熱帯性の海草藻場が発達する．海草藻場は，魚類の産卵や仔稚魚の成育の場，エビやカニなどの生息地であるばかりでなく，熱帯・亜熱帯ではジュゴンやウミガメの餌場として重要な役割を果たしている．

　サンゴ礁に流入する河川の河口域には，マングローブの林が成立する．奄美群島から沖縄諸島には，オヒルギ，メヒルギ，ヤエヤマヒルギなどのヒルギ類の樹木からなるマングローブの林が見られる．マングローブは，体内に取り込んだ塩分を，塩分を蓄積した葉を落とすことによって排除したり，鉛筆のような形をした胎生種子（たいせいしゅし）を落として繁殖するなど，潮間帯に生育するのに適応した生態を持っている．マングローブの林には，ベニシオマネキ，オキナワアナジャコ，ノコギリガザミなどの生物が見られ，リュウキュウアカショウビンやイリオモテヤマネコの採食の場ともなっている．

石垣島吹通川（ふきどがわ）のマングローブ群落

II 海岸・沿岸域の生態系の保全と再生

1. 干潟の保全と再生

　日本には，1945年には8万haの干潟があったといわれるが，高度経済成長期に大規模な埋め立てが行われ，1992年に現存する干潟面積は5万haと約65％に減少した．とくに海岸線の前面に広がる前浜干潟が64％減少，河川の河口部に広がる河口干潟が30％減少と，埋め立てや干拓しやすい干潟が大きく減少した様子がわかる．地域別の減少率をみると，東京湾の干潟が89％減少，伊勢湾の干潟が67％の減少を示し，大都市に近い湾内の干潟は，瀕死の状態にある．現存する干潟の40％が九州の有明海に集中しているが，1997年には有明海の諫早湾が堤防で締め切られ，諫早湾の干潟が失われた結果，現存する干潟は約62％にまで減少した．

　干潟の保全と再生の問題を，有明海の諫早湾と，東京湾の三番瀬を例に考えてみよう．

1）有明海諫早湾の干拓

　1997年4月，長崎県の諫早湾に建設された7kmの潮受堤防が締め切られ，堤防の内側の約1,550haの干潟は消滅した．環境影響評価では，潮受堤防の外側には影

響がないという予測であったが，2000年冬には有明海全域でノリが不作となり，福岡，佐賀の漁民たちが海上デモを行って潮受堤防の水門開放を求めた．農林水産省は，有明海ノリ不作等対策関係調査委員会（第三者委員会）を設置し，原因究明と水門開放の可否について検討を始めた．これをきっかけに，環境省，水産庁，日本自然保護協会など，官民の団体が諫早湾と有明海の調査を開始した結果，諫早湾干拓事業の影響が次第に明らかとなってきた．

諫早湾が潮受堤防によって締め切られ，干潟が失われたことによって，何が変化したのだろうか？

まず，潮受堤防によって諫早湾が締め切られて，堤防内部の干潟が干上がり，干潟にすむ底生生物が死滅した．このとき乾いた干潟に残された貝殻は，1億個体と推定されている．底生生物の死滅は，干潟の食物連鎖を通じた水質浄化能力を

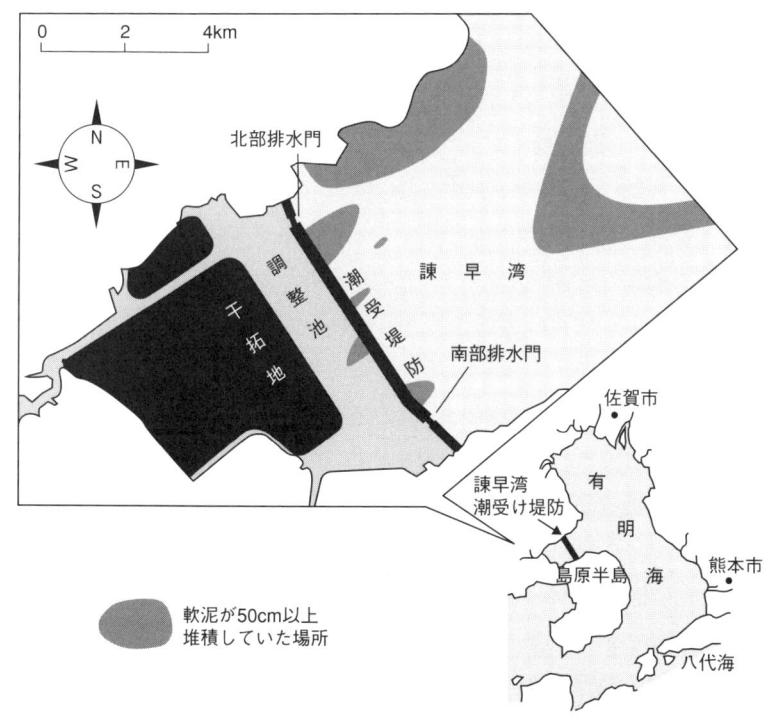

図4-3　有明海諫早湾における底泥の堆積（日本自然保護協会 2001）

減少させたと考えられる．

　さらに堤防内部は広大な貯水池となり，河川からのリンや窒素をため込むようになった．これは，長良川河口堰によって，湛水域に植物プランクトンが発生するようになった現象と同じメカニズムである．潮受堤防はずっと締め切られているわけではなく，干潮時に水門のゲートを開けて堤防内部の水を堤防の外側に排出する．水門から排出された淡水は，海水よりも比重が軽いため，海水の上を3km先まで広がってゆく．このリンや窒素を多量に含んだ水は，堤防外でも植物プランクトンを発生させ，その遺骸が海底に沈殿したと考えられる．日本自然保護協会の2001年の調査結果によれば，堤防外の底泥の厚さは50cmを超え，泥は真っ黒で酸素の少ないヘドロ状態となっていた．また，堤防外のCOD（化学的酸素要求量）は，環境基準をはるかに上回る10mg／lという値になっていた．

　潮受堤防の締め切りは，諫早湾内のみならず，有明海全体に影響を与え始めた．宇野木早苗（2005）によると，堤防締め切りによって有明海の潮流が10～20％減少し，さらに潮汐も3.2％減少した．有明海全体の面積からすれば2％程度の面積が締め切られただけだが，潮受堤防によって諫早湾の中央部では60％，有明海の中央部でも13％も潮流が弱くなってしまった．また，有明海全体の容積が減少したため，潮汐も13cm（3.2％）減少した．潮流や潮汐の減少によって，赤潮が発生しやすくなり，潮受堤防締め切り前に比べて，赤潮の規模も頻度も大きくなっている．日本最大の干満差を誇っていた有明海の潮汐や潮流が減少することによって，有明海全体に大きな影響をもたらしたと考えられる．

　2001年5～8月に水産庁西海区水産研究所が観測した有明海の溶存酸素の変化を見ると，諫早湾口の海水の溶存酸素（ようぞんさんそ）は，水温が22.5℃となった6月下旬から急速に減少しはじめ，7月中旬には酸素が飽和した状態の海水と比較して20％しか酸素がない状態になってしまった．8月に台風が襲来し，海水が撹拌されるまで，この状態が続いた．

　2001年8月に日本自然保護協会が観測した，有明海北部海域の底層（海底から50cmから1m）の溶存酸素の分布を見ると，底生生物の生存に必要といわれる3mg／lを下回る貧酸素水塊（ひんさんそすいかい）が諫早湾から有明海北部にかけて広がっていることがわかった．

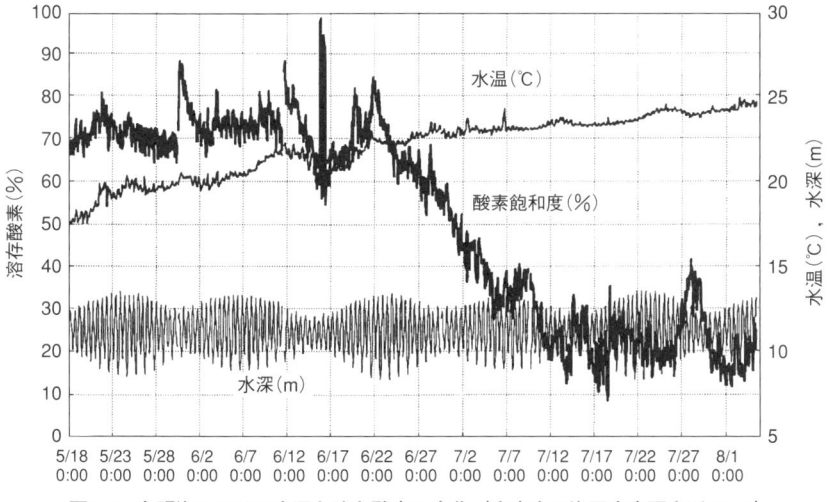

図4-4 有明海における水温と溶存酸素の変化（水産庁西海区水産研究所 2001）

図4-5 有明海における溶存酸素の分布（日本自然保護協会 2001）

海水温の上昇によって，水温躍層ができる（海面と底層の水温に差ができる）

ことによって，底層に酸素が行き渡らなくなり，さらに潮受堤防の外側に堆積した底泥が，酸素を消費することによって，貧酸素水塊が生まれたと考えられる．底泥の堆積や貧酸素水塊の発生によって，タイラギをはじめとする底生生物が死滅し，海の浄化能力が失われたことが，有明海全域のノリ不作につながったと考えられる．

　有明海を再生するためには，諫早湾の潮受堤防の水門を開けて，有明海の潮流や潮汐を少しでも元に戻すことが必要だ．第三者委員会も，水門を開放して調査を実施することを提言したが，残念ながらいまだに水門開放は実施されていない．

2）東京湾三番瀬の再生

　東京湾には13,600haの干潟があったといわれるが，1960－70年代に埋め立てがすすみ，1980年代の初めには富津～観音崎以北の東京湾内湾面積の20%，海岸線の90%が失われた．残された干潟は，小櫃川河口の盤洲干潟や，葛西沖の三枚洲，三番瀬などごくわずかとなってしまった．三番瀬は，千葉県の浦安市，市川市，船橋市の埋立地に囲まれた約1,800haの海域であり，かつては，海岸線から4km先まで広がる遠浅の干潟だったが，現在では住宅地，港湾，工場などに囲まれた浅い海となっている．

　1963年，千葉県は都市や港湾を整備するため，三番瀬を埋め立てる計画をたてた．しかし，1973年には埋め立て反対の市民運動やオイルショックによって計画は凍結された．1983年になると，東京湾横断道路をはじめとする景気刺激策によって，いったん凍結された埋立計画が再び動き出し，千葉県は三番瀬約740haを埋め立てる計画を発表した．これに対して県内の自然保護団体ばかりでなく全国から反対の声があがった．1995年には知事の諮問機関である千葉県環境会議が，三番瀬の生態系の補足調査の実施，個々の土地利用の必要性の吟味，環境分野の有識者を含む専門委員会の設置を求めた．3年間にわたる補足調査の結果は，1998年に報告書としてまとめられ，三番瀬は鳥類や魚類など多様な生物の生息場所となっているばかりでなく，その浄化能力は13万人分の下水処理場に匹敵することが明らかとなった．

　1999年，千葉県は補足調査の結果を受けて，埋め立て面積を当初の740haから101haに縮小する見直し案を発表した．しかし，これに対して，日本自然保護協

会，日本野鳥の会，WWFジャパンなどの全国団体も反対を表明し，埋め立ての抜本的見直しを求めた．2001年に三番瀬埋め立て計画の白紙撤回を公約とした堂本暁子氏が県知事に就任し，三番瀬の埋め立てを行わないことを決定し，市民参加による三番瀬再生計画の策定が開始された．

2002年1月からは，知事の諮問を受けて三番瀬再生計画検討会議（三番瀬円卓会議）が開催された．三番瀬円卓会議は，学識経験者，地元住民，漁業関係者，環境保護団体，公募市民，約50人から構成され，本会議や小委員会を含めて132回に及ぶ公開の会議を経て，2004年1月に三番瀬再生計画案を答申した．

三番瀬円卓会議では，海域の再生をめざす海域小委員会に，再生イメージワーキンググループが設置され，漁業者からかつての三番瀬の様子を聞き取り，その後の三番瀬の変化に基づいて，今後の再生の方向性が議論された．

三番瀬は，かつては江戸川河口から船橋にかけての前浜に広がる遠浅の干潟であったが，地下水の汲み上げによる地盤沈下によって，地盤が低下して浅瀬となってしまった．埋め立てが行われる前は，行徳の内陸部には蓮田をはじめとする

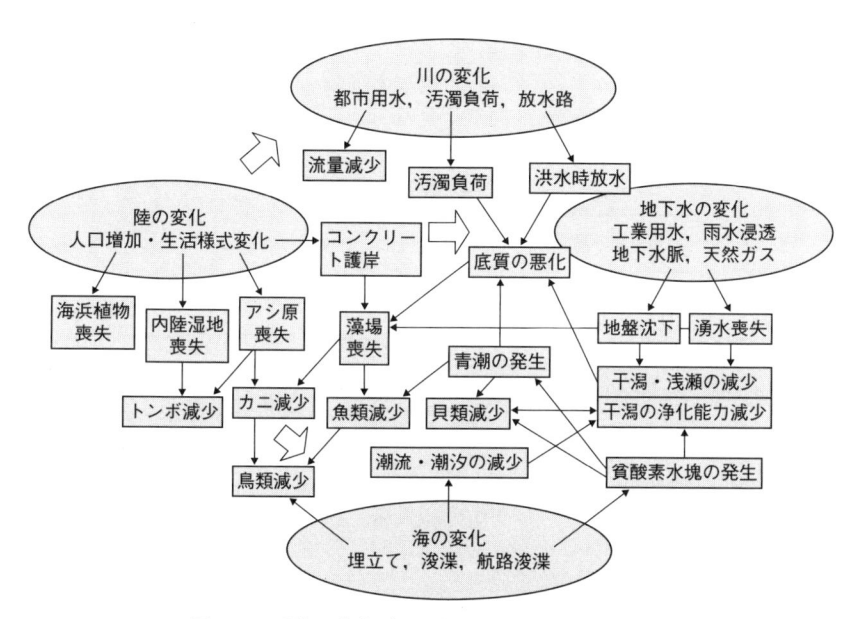

図4-6 三番瀬の変化（三番瀬再生計画検討会議 2004）

豊かな湿地が広がっており，市川や船橋の台地から海へと流れる地下水や地表水のつながりが保たれていた．船橋の海岸近くでは，五月の節句に鯉のぼりの竿を立てようとすると，こんこんと淡水が湧き出てきたという．地下水は，三番瀬の海に湧き出して，その周辺ではアマモ，コアマモなどの海草藻場が広がって，船を動かそうとするとスクリューにからまって困るほどであったという．河川からの水は，干潟の中の澪筋を流れ，そこではウナギ，エビなどをとる子供の姿が見られた．また，干潟も海岸から4km先まで広がり，アサリやハマグリが無尽蔵にとれた．

　このような三番瀬の豊かな生態系が失われたのは，第1期埋め立て工事によって海岸線から浅い部分が埋め立てられ，さらに浦安，船橋など周辺では浅海の部分まで埋め立てられることによって，周囲を埋立地に取り囲まれた海になってしまったためだ．潮間帯が干潟や砂浜でなく，直立護岸に変わってしまったため，潮間帯の底生生物が失われ，浄化能力も減少した．また，人々も海へ近づくことができなくなってしまった．海の砂を吸い上げて，埋立地が造成されたため，埋

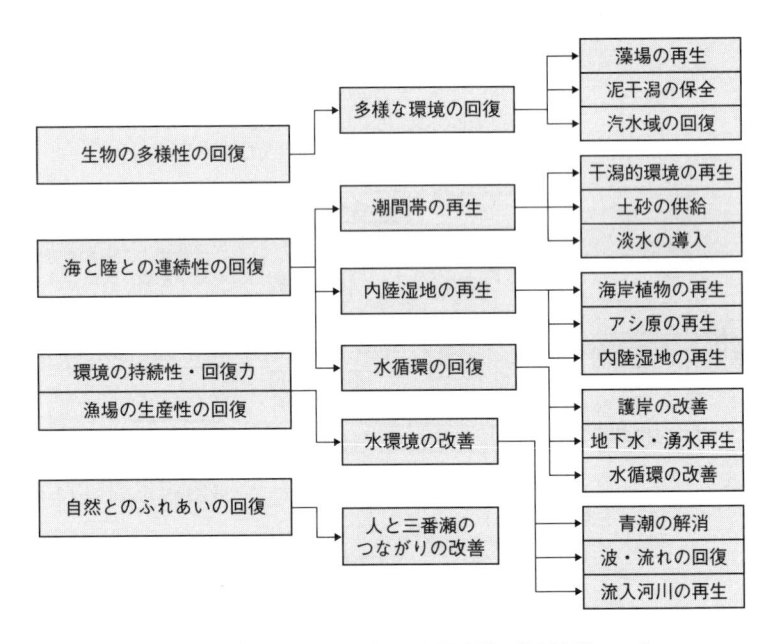

図4-7　三番瀬の自然再生（三番瀬再生計画検討会議 2004）

立地の海側には水深25mにも及ぶ深掘れした場所ができて，夏には貧酸素水塊ができてしまう．北風が吹き始めると，海側に流れる表層水を補うように，底層の貧酸素水塊は陸側に向かって流れ始め，三番瀬に毎年のように青潮*3を発生させる．青潮が発生すると，魚介類は酸欠状態となって死滅し，さらに干潟の浄化能力を失わせる．

三番瀬を再生するには，この悪化のプロセスを逆にたどり，①生物の多様性の回復，②海と陸との連続性の回復，③環境の持続性の回復，④漁場の生産力の回復，⑤人と自然のふれあいの回復の5つを再生の方針として，河川からの土砂・淡水の流入の復活，干潟的環境の回復，藻場の再生，青潮の防止などの対策をとる計画が立てられている．また，東京湾の干潟が，渡り鳥の休息・採餌の場としても重要な役割を果たしていることから，ラムサール条約湿地として登録することによって，干潟保護の国際的なネットワークに位置づけられることも重要である．さらに三番瀬の再生には，流入河川からの汚濁負荷の減少が必要であることから，東京湾をとりまく自治体の協力が求められる．

2. サンゴ礁・海草藻場の保全と再生

1）沖縄島辺野古のサンゴ礁と海草藻場

沖縄島のサンゴ礁は，1972年に本土復帰以降，埋め立てや赤土流出によって失われ，オニヒトデの被害や，1997，1998年の海水温上昇による白化現象によって危機に瀕してきた．また，サンゴ礁の礁池内の海草藻場も，埋め立てや赤土流出によって減少の一途をたどってきた．残された本島最大の海草藻場が，名護市東海岸の辺野古サンゴ礁の礁池にある藻場であった．

1995年，米海兵隊員による少女暴行事件をきっかけに，沖縄の米軍基地の移転を求める声が高まり，日米沖縄特別行動委員会（SACO）が設置されたが，最も危険な基地といわれる普天間基地の移転先は，県外ではなく，名護市東海岸の辺野古沖の海上に決められてしまった．これに対して，1997年に名護市において住

---

*3 赤潮が植物プランクトンの発生によるものであるのに対して，青潮は貧酸素水に含まれる硫化水素が酸素と反応して白色になり，海の色を映して青い色に見えることから青潮と呼ばれる．

民投票が実施され，海上基地に反対する住民の数が賛成を上回り，辺野古沖への県内移設はいったん否定されたが，1998年には県内移設に条件つきで賛成する知事・市長が当選し，辺野古サンゴ礁の礁嶺の上に2,600mの滑走路をもった軍民共用飛行場が計画された．

辺野古サンゴ礁は，1997，1998年の海水温上昇でサンゴが白化したが，ようやく回復し始めた場所であり，礁池にはリュウキュウスガモ，リュウキュウアマモ，ボウバアマモなどを中心とする沖縄島最大の海草藻場が広がっている．さらに1997年には航空機から絶滅に瀕したジュゴンの生息が確認され注目を集めた．

オーストラリアでは，海草藻場がジュゴンの餌場や稚魚の成育の場として重要な役割を果たしていることから，1998年からクィーンズランド州水産研究所が中心となって，市民参加の海草藻場モニタリング調査が，「シーグラスウォッチ」の名称で行われている．

日本においても，2002年から日本自然保護協会によって，沖縄における市民参加の海草藻場調査が，「ジャングサウォッチ」（ジャングサは海草の沖縄の言葉）の名称で開始された．ジャングサウォッチでは，市民がまず海岸から歩いて（泳いで）アプローチできる海で，海草の識別，ジャングサウォッチの調査方法に関する研修を受けた後に，辺野古においてGPS（衛星からの情報をもとに緯度経度を示すナビゲーションシステム）を使って，船で調査ポイントに近づき，フリーダイビングによって海草の種類や被度を調査した．

ジャングサウォッチの結果，海草は高度1500mから撮影した航空写真で確認された海草藻場の位置よりも広く分布していることがわかった．防衛施設庁が知事や市長に飛行場の建設位置を説明するのに示した地図では，飛行場は海草藻場を避けたようになっているが，この地図には被度25％以上の藻場しか示されておらず，実際にはもっと低い被度の藻場が外側まで分布しており，オーストラリアでジュゴンが好んで食べるウミヒルモは，その低い被度の藻場に多いことがわかった．さらに，サンゴ礁の礁嶺を埋め立てて飛行場を建設する計画では，ジュゴンが海草藻場にアプローチするためのサンゴ礁の切れ目（クチ）がふさがれてしまい，海草藻場が残されてもジュゴンが採餌することは困難だ．

ジャングサウォッチの結果は，2004年にタイのバンコクで開かれた第3回世界

第4章 海岸・沿岸域の保全と再生

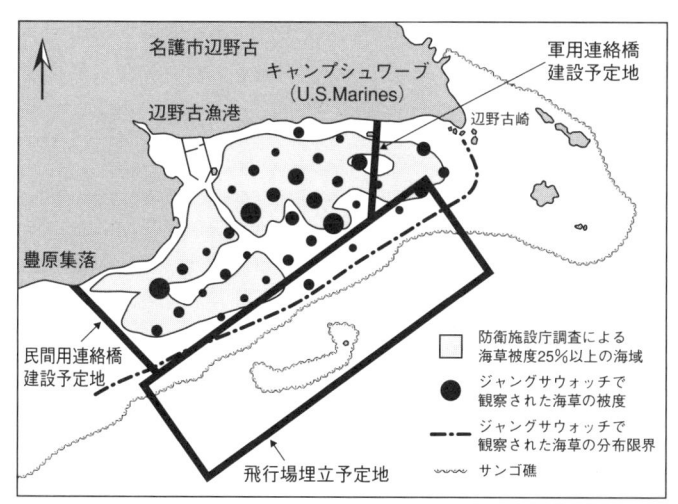

図4-8 辺野古における米軍飛行場計画とジャングサウォッチによる海草分布
（日本自然保護協会 2003）

自然保護会議でも発表され，ジュゴン保護の決議が採択された．また，辺野古の住民をはじめ多くの支持者が行った座り込みやカヌーによるボーリング調査阻止運動の結果，サンゴ礁の礁嶺を埋め立てて飛行場を建設する計画は見直されることとなった．しかし，2006年に日米で決定された案は，またもや県外移設ではなく，辺野古にある米海兵隊キャンプシュワブ基地の沿岸になった．サンゴ礁や海草藻場への影響は依然として残り，ジュゴンへの影響も軽減されたわけではない．

3. 海岸と沿岸域を保全する法制度

以上，3つの事例を見てきたが，海岸・沿岸域で難しいのは，わが国にはこれらの生態系を包括的に保全する法律がないということである．森林には森林法，河川には河川法という法律があるが，海岸・沿岸域は，海岸を対象とした海岸法，港湾を対象とした港湾法，漁港を対象とした漁港漁場整備法，河口を対象とした河川法など，さまざまな法律がからみあっている．しかも，これらの法律の適用外となる一般海域は，海域は国に属しているものの，管理する法律のない法定外公共物となっている．さらに，自然公園法，自然環境保全法によって海中公園地

区や自然環境保全地域になっている海域，漁業法や水産資源保護法によって漁業権が設定されあるいは保護水面とされている海域もある．また，公有水面埋立法では，公有水面の埋め立てにあたって環境影響評価や県知事の免許が必要になる．ひとすじなわでは行かないのが，海岸・沿岸域である．

＜公物管理法＞

森林，河川，海などのうち民有林などの私有地を除く地域は，国などの公的な所有あるいは管理に属する自然公物と呼ばれる．これらを管理する法律が，公物管理法である．

① 海岸法

津波・高潮等からの海岸の防護，海岸環境の整備と保全，海岸の適正利用を図り，もって国土の保全に資することを目的とする．国土交通大臣が海岸保全基本方針を定め，都道府県知事が学識経験者や関係住民の意見を聞いて海岸保全基本計画を策定し，海岸を管理する．国または地方公共団体が所有し公共の用に供されている海岸を公共海岸と呼び，そのうち災害からの防護の必要があるとして指定された地域を海岸保全区域として指定する．なお，2002年の改正で，環境の整備と保全が目的に加わったため，従来のようなコンクリートの堤防や護岸だけでなく，砂浜も海岸保全施設として認められるようになった．

② 港湾法

環境へ配慮しつつ，港湾の秩序ある整備と適正な運用を図り，航路を開発・保全することを目的とする．都道府県知事（港務局を定めた自治体にあっては港務局）が港湾区域を管理する．国が定めた基本方針に基づいて，港湾管理者は重要港湾について港湾計画を定めることとなっているが，関係住民の意見を聞く機会は設けられていない．

③ 漁港漁場整備法

環境との調和に配慮しつつ，漁港漁場整備事業の総合的・計画的推進，漁港の適正な維持管理を行い，国民生活の安定・国民経済の発展に寄与し，豊かですみよい漁村の振興に資することを目的とする．漁港区域は，天然または人工の漁業根拠地となる水域，陸地および施設の総合体であり指定されたものを指す．市町村が管理する第一種漁港を除く漁港は都道府県の管理となっている．農林水産大

臣は政令で漁港漁場整備基本方針を示すが，地方自治体による特定漁港漁場整備事業計画の策定は任意である．

④ 河川法

高潮・洪水等の災害を防止し，河川の適正利用をし，河川の正常な機能が維持され，河川環境の整備と保全がされるよう総合的に管理することにより，国土の保全と開発に寄与し，公共の安全を確保し，公共の福祉を増進することを目的とする．河川の流水が継続して存する土地を河川区域と呼び，河口域や河川水の流れる海域もこれに含まれる．1級河川の管理者は国土交通大臣，2級河川の管理者は都道府県知事，準用河川（1級でも2級でもない河川）の管理者は市町村長となっている．河川管理者は，河川整備基本方針に基づいて，学識経験者や流域住民の意見を反映して河川整備計画を策定することとなっている．

＜地域指定法＞

⑤ 自然公園法

優れた自然の風景地を保護するとともに，その利用を増進し，もって国民の保健，休養および教化に資することを目的とする．国立公園は環境大臣が指定，国定公園は都道府県の申出によって環境大臣が指定し都道府県が管理する．海中の景観を保護するため，国立公園・国定公園内に，海中公園地区を指定できる．海中公園地区では，環境大臣が指定する動植物の採取，海面の埋め立て，海底の形状変更，汚水の排水などが禁止される．

⑥ 自然環境保全法

自然公園法等と相まって，自然環境の保全が必要とされる区域等の自然環境の保全を総合的に推進することにより，国民が自然環境の恵沢を享受し，将来の国民にこれを継承し，現在及び将来の国民の健康で文化的な生活の確保に寄与することを目的とする．国は自然環境保全基本方針を示すとともに，原生自然環境保全地域，自然環境保全地域を指定する．「熱帯魚，さんご，海そうなどの動植物を含む自然環境」がすぐれた状態を維持している海域を指定できるが，現在，海域で指定されているのは西表島の崎山湾のみである．

＜資源管理法＞
⑦ 水産資源保護法

　水産資源の保護培養を図り，その効果を将来にわたって維持することにより，漁業の発展に寄与することを目的とする．公共用水面において，農林水産大臣が指定する動植物の採捕，販売，所持を禁止する．シロナガスクジラ，ウミガメ，ジュゴンなどが指定されている．また，漁法（たとえばダイナマイト漁の禁止），許可漁船定数の制限規定もある．都道府県知事は，水産動植物の保護培養のために必要があるときは保護水面を指定できる．

⑧ 漁業法

　漁業生産に関する基本的制度を定め，漁業者及び漁業従事者を主体とする漁業調整機構の運用によって漁場を総合的に利用し，もって漁業生産力を発展させ，漁業の民主化を図ることを目的とする．定置漁業権，区画漁業権，共同漁業権を設定し，免許を持つ漁業者以外の者の漁業を制限する．

＜開発法＞
⑨ 公有水面埋立法

　河，海，湖，沼など公共の用に供する水流，水面を公有水面と称する．公有水面を埋立・干拓しようとする者は，都道府県知事の免許を受けなくてはならない．埋立の用途が，環境の保全に関する国または地方公共団体の法律にそむくものであってはならない．漁業権や利水，排水の権利を有する者の同意がなければ免許を受けることができない．しかし，実際には漁業権を有する者に対して，補償金を支払うことによって漁業権を放棄させて埋立事業を推進する方法がとられ，漁業権の存在が埋立の歯止めとならない状態が続いてきた．

　以上のように，海岸・沿岸域に関する法律はたくさんあるが，これを統合する法律がない上に，公物管理の適用外となっている一般海域を管理する規定がないなど，海岸・沿岸域が適正に保全されるための法制度が整っていない．オーストラリアでは，潮間帯は州政府の管理，それより沖は連邦政府の管理となっているため，1970年にグレートバリアリーフ管理法を制定し，グレートバリアリーフ海中公園機構を設立して統合的な海域管理を図っている．わが国においても，この

ような海域管理のための，横断的法律ないし条例や，管理機関の設立が求められる．2005年に知床が世界遺産登録されるにあたって，IUCNは海域の管理計画を3年以内に策定することを求めた．これをうけて政府は，漁業関係者と協議し，海域管理計画の策定をすすめているが，これはわが国における最初の海域管理計画の例である．

第5章
生物多様性の保全と再生

　生物多様性という言葉は，遺伝子レベルから生態系レベルまでをカバーし，また，保存，保全から復元まであらゆるタイプの自然保護を含んでいる．さらに生物多様性条約では，遺伝資源がもたらす利益の公正な配分を含んでいる．自然保護の世界で伝統的に使われてきた，野生生物の保護，生態系の保全という概念は，生物多様性という一言に置き換えられてしまった感がある．これまでの章では，森林，河川・湖沼，海辺という生態系ごとに考えてきたが，この章では生物多様性という視点から，その保全と再生について考えてみたい．

Ⅰ 生物多様性とは？

1. 生物多様性の定義

　生物多様性をどう定義するかは，保全生物学者の中でも，人によってまちまちであり，さまざまな定義*1が存在する．生物多様性条約においては，「陸上生態系，海洋その他の水界生態系，これらが複合した生態系その他生息又は生育の場のいかんを問わずすべての生物の間の変異をいうものとし，種内の多様性，種間の多様性及び生態系の多様性を含む」（第2条）と定義されている．

　これらの定義に共通していることは，生物多様性とは「地球上に存在するすべての生物の変異」を指すものであり，「遺伝子レベルから生物種レベル，生態系レベルにいたる変異」を含むということであろう．

1）生物種の多様性

　このうち，生物種の多様性は，いちばんわかりやすいが，実際に地球上の生物種の総数を調べようとすると，大きな困難に直面する．現存する生物種のほぼすべてを記載し終えているのは，哺乳類（約6000種），鳥類（約9000種）などに限られており，ほとんどの分類群は，未記載の種ばかりである．とくに地球上の生物種のうち，最大の比率を占める昆虫類に関しては，約90万種が記載されているが，これは現存する生物種の一握りに過ぎない．昆虫類の多くは熱帯雨林，とりわけ樹冠（じゅかん）と呼ばれる，高さ数十メートルの森林の高木層に生息するため研究が遅れている．

　昆虫学者のテリー・アーウィンは，熱帯雨林の樹冠にすむ昆虫の種数がわかれば，地球上の昆虫の数が推定できるだろうと考えた．アーウィンは，熱帯林の樹

---

*1　タカーチのインタビューによれば，1986年に生物多様性に関するインタナショナル・フォーラムに参加したダニエル・ジャンセンは，生物多様性を「遺伝子，個体群，種を残らずまとめたものと，それらが見せている相互作用の集合」，ピーター・レイブンは「世界中の植物，動物，菌類，微生物の総計で，それらの遺伝的多様性や，それらがたがいにどう適合しあって群集や生態系をなしているかを含む」，エドワード・ウィルソンは「遺伝的多様性から，分類のかなめの単位と見なされるべき種，そして生態系にいたる，すべてのレベルの組織におよぶ生命の多様さ」と定義している（タカーチ 2006）．

第5章 生物多様性の保全と再生

```
┌──────────────────────────┐
│ 熱帯林の1本の樹冠に1200種の甲虫 │
└──────────────────────────┘
            ↓
┌──────────────────────────┐
│   うち800種が草食性の甲虫      │
└──────────────────────────┘
            ↓
┌──────────────────────────┐
│ うち160種(20%)がスペシャリスト │
└──────────────────────────┘
            ↓          ┌──────────┐
                       │ 昆虫の40% │
                       │  が甲虫   │
                       └──────────┘
┌──────────────────────────┐
│ 1本の樹冠に400種のスペシャリスト昆虫 │
└──────────────────────────┘
            ↓          ┌──────────────┐
                       │熱帯の昆虫の2/3│
                       │は樹冠に生息   │
                       └──────────────┘
┌──────────────────────────┐
│ 1本の樹木に600種のスペシャリスト昆虫 │
└──────────────────────────┘
            ↓          ┌──────────┐
                       │熱帯林には │
                       │5万種の樹木│
                       └──────────┘
┌──────────────────────────┐
│ 熱帯林には3000万種の昆虫が生息 │
└──────────────────────────┘
```

図5-1　アーウィンによる熱帯の昆虫の種数の推定法

木を燻蒸し，樹冠にすむ昆虫を地上のトラップで集めた．1本の熱帯林の樹木の樹冠には，1200種の甲虫が確認され，このうち800種が草食性の甲虫，さらにそのうち160種がこの樹木の葉だけを食べるスペシャリストであった．昆虫の約40%が甲虫だということがわかっているので，1本の樹木の樹冠には400種（160／0.4）のスペシャリスト昆虫が生息していることになる．熱帯林の昆虫の2／3は樹冠に生息しているので，1本の樹木には600種（400×3／2）のスペシャリスト昆虫が生息していることになる．熱帯林には，5万種の樹木が知られているので，熱帯林には約3000万種（600×5万）の昆虫が生息しているとアーウィンは推定した．最も種数が多いと考えられる熱帯林の昆虫の数がわかれば，地球上の生物種の数はおよそ数千万種であろうという察しはつく．さらに線虫学者は，深海に生息する未知の線虫を1億種と推定しているが，推測の域を出ない．ここでは，地球上の生物種はおよそ1000万〜1億種ということにしておこう．

では，現在の生物の絶滅速度は，自然界における絶滅速度と比べて，どの程度になっているのだろうか？　恐竜の大量絶滅後の生物の化石研究から，生物種の寿命は平均して100万〜1000万年といわれている．地球上にいる生物種が，1000

万種とすれば，自然界の絶滅の速度は，1年に1種～10種（10^{-6}～10^{-7}／年）と推定される．

現在の生物種の絶滅速度は，すべての分類群についてわかっている訳ではないが，哺乳類と鳥類と両生類に限定すればおよその推定が可能だ．1850～1950年の100年間の哺乳類，鳥類，両生類の絶滅種数は約200種といわれている．現在の哺乳類，鳥類，両生類の種数は約15000種なので，最近100年間の生物種の絶滅速度は，10^{-4}／年と推定される．すなわち，現在の生物種の絶滅速度は，自然界の絶滅速度の100～1000倍（10^{-4}／10^{-6}～10^{-7}）になっていると推定される．もちろん絶滅の速度が速まっている原因が人間の活動にあることは間違いない．

2）生物種内の多様性

生物種内の多様性には，亜種レベルから遺伝子レベルまで，さまざまな多様性が含まれる．私たちは，生物種を絶滅させないというだけではなく，生物種内の多様性を保持するよう努めなくてはならない．いくつか事例を挙げてみたい．

ゲンジボタルには，2秒間隔で発光する西日本型と4秒間隔で発光する東日本型があることが知られている．フォッサマグナと呼ばれる地質構造線をはさんで，ゲンジボタルが西日本と東日本に分断された結果，別々の種に分化する途中にあると考えられる．しかし，現段階ではゲンジボタルという種であることに変わりはなく，西日本のゲンジボタルと東日本のゲンジボタルは交雑可能である．交雑可能であるばかりでなく，交雑によって，その中間の3秒間隔で発光するゲンジボタルができてしまうという．各地でホタルの復活をめざした自然再生事業が行われるが，西日本型のゲンジボタルを東日本で放したりすると，せっかく種分化を始めたゲンジボタルの進化のプロセスをとめてしまうことになる．

トウモロコシは，中南米原産の原種から品種改良されて，全世界で栽培されているが，米国でトウモロコシの病気が蔓延したとき，メキシコの原種と交配種を作ることによって，病気の蔓延を防ぐことができた．トウモロコシのような栽培種さえ，原種を含む種内の多様性の維持が重要である．ところが，2001年，トウモロコシの原種が多数存在するメキシコにおいて，遺伝子組み換え作物（GMO）であるトウモロコシが見つかったのである．米国において，除草剤に耐性を持つように遺伝子組み換えされたトウモロコシが，誤ってメキシコの畑に植え付けら

れてしまったらしい．トウモロコシの原種に遺伝子組み換え作物の遺伝子が混じってしまうと，これを排除するのは非常に困難である．

　このように私たちは，外来生物の導入や遺伝子組み換え作物の逸出によって，種内のレベルの生物多様性を失うことがないように注意しなくてはならない．

3）生態系の多様性

　熱帯林やサンゴ礁のように，それ自体が生物種の多様性に富んだ生態系であれば，その価値を証明しやすいが，砂漠や寒冷地の生態系のように生物種の多様性が低い生態系は，価値がないのだろうか？　そのような生態系は，生物種の多様性が低くとも，その気候に適応した生物種を含み，あるいは生態系そのものがユニークであり価値を持っていると考えるべきである．それが生態系の多様性の重要性である．

　岩手県の早池峰山は，蛇紋岩を含む超塩基性の岩によって特徴づけられ，ハヤチネウスユキソウをはじめとする高山植物が生育することで知られている．蛇紋岩でできた山々は，夕張岳，アポイ岳，至仏山，白馬岳など，いずれもユニークな高山植物の産地として知られている．早池峰山の高山植物帯は，1933年に天然記念物に，1957年には特別天然記念物に指定された．しかし，南にある薬師岳は，アオモリトドマツなどの森林に覆われているため保護の対象とならず，早池峰山と薬師岳を結ぶ小田越峠には車道が作られてしまった．地元自然保護団体や日本自然保護協会の要望書を受けて，1990年に文化庁は薬師岳まで特別天然記念物区域を拡大し，「早池峰山及び薬師岳の高山帯・森林植物群落」と名称を変更した．1993年には林野庁が，早池峰山と薬師岳を含む山地を早池峰山周辺森林生態系保護地域に指定した．蛇紋岩の高山植物帯だけが重要なのではなく，周辺の森林植生と高山植生の両方が重要だという認識に変わったのである．

　これを少し簡単なモデルにして考えてみよう．

　A山とB山の2つのピークを持った山脈が存在する．A山には，a，b，c，dの4種の植物，B山には，a，b，c，eの4種の植物が生育している．A山，B山ともに4種の植物が見られ，A，Bを合わせた山脈全体では5種の植物が見られる．C山とD山からなる山脈の場合は，C山に，a，b，cの3種，D山にa，d，eの3種，合わせて5種の植物が見られる．では，A－B山脈と，C－D山脈はどちらが植物の多様性が

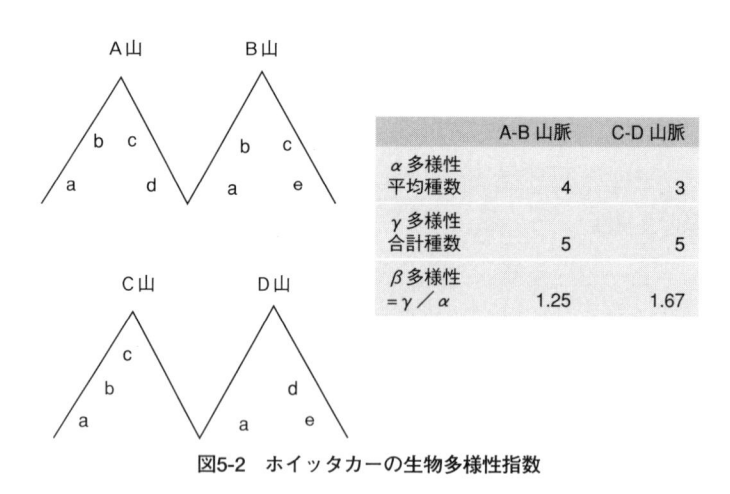

	A-B山脈	C-D山脈
α多様性 平均種数	4	3
γ多様性 合計種数	5	5
β多様性 $=\gamma/\alpha$	1.25	1.67

図5-2　ホイッタカーの生物多様性指数

高いといえるだろうか？

　一つの山に生育する植物種の数から言えば，A－B山脈が平均4種，C－D山脈が平均3種なので，A－B山脈のほうが植物の多様性が高いといえる．このように特定地域内の生物種の多様性を，α（アルファ）多様性という．また，山脈全体の植物種の多様性は，A－B山脈が5種，C－D山脈が5種なのでどちらも同程度である．このように広い地域の生物種の多様性をγ（ガンマ）多様性という．これに対して，A山とB山の植物相がどれだけ違うかを考えてみると，A山とB山は4種のうち3種までが共通種なので植物相の違いは少ない．これに対してC山とD山は3種のうち1種しか共通種がないので，植物相の違いが大きいといえる．このような地域間の生物の多様性をβ（ベータ）多様性という．β多様性は，γ多様性とα多様性の比で表される．A－B山脈の植物のβ多様性は5／4＝1.25，C－D山脈の植物のβ多様性は5／3＝1.67なので，A－B山脈よりも，C－D山脈のほうがβ多様性が高いということになる．

　このβ多様性にあたるのが，生態系の多様性である．C山とD山の関係は，早池峰山と薬師岳の関係に似ている．C山とD山は，おそらく気候や地質などが異なるため，独特の植物相をもった生態系となったに違いない．このような地域では，α多様性の高い片方だけを保護地域とするだけでは不十分であり，β多様性を最大に保つことができるように，広範な地域を保護地域とする必要がある．1990～

1993年といえば，ちょうど日本で生物多様性の概念が普及し始めた時期であるが，文化庁と林野庁の保護地域拡大は，期せずして生態系の多様性の保全（β多様性の確保）につながったのである．1998年に愛知万博の環境アセスメントが行われたが，そこでは田んぼ，用水路，ため池，森林など多様な生態系がモザイクのようになった里地生態系が，生物多様性の宝庫として注目された．これも生態系の多様性の一つである．

2. 生物多様性の価値

生物多様性を守る理由は何か？ それに予算を割く価値はどこにあるか？ということをよく聞かれる．これに対して保全生物学者は，さまざまな理由を挙げている．

＜利用価値（経済価値）＞

経済的価値を重視する人に対しては，生物多様性というものは，食料，衣類，建材，薬品など，人間が利用する生物資源の背景となるものであると説明するのがわかりやすい．

（直接的利用価値）

① 消費的利用価値

開発途上国の人々は，食料，衣類，建材，薬品などあらゆる生物資源を，地域の生物多様性の中から得ている．これらは自家消費を目的としており，市場に出まわるものではないため，経済指標には反映されないが，開発途上国では非常に重要なものである．

② 生産的利用価値

開発途上国の人々が，特定の生物資源が市場価値を持つものであることに気づき，市場に出して現金収入を得るために，自然から捕獲採取したり，栽培したりする場合は，生産的利用価値を持つといえる．消費的利用の段階では，部族のタブーなどによって，資源を枯渇させないための歯止めが存在するが，生産的利用の段階になると，歯止めが効かなくなってしまう場合が多い．これに代わる，法律や捕獲割当てなどの社会的歯止めが必要となってくる．

(間接的利用価値)
③ レクリエーション

　野生生物などを捕獲して消費するのではなく，バードウォッチングやフィッシュウォッチング，ホェールウォッチングのように，間接的に利用するのがこれにあたる．先進国では，エコツーリズムを通じた，野生生物や原生自然の利用が，大きな収入をもたらしている．また，開発途上国でも，エコツーリズムの収入は国立公園の維持に役立っており，ケニアの国立公園のライオン1頭が稼ぐ観光収入は，もしそれを撃って毛皮にした場合の60倍に値するという研究もある．

④ 環境サービス（生態系サービス）

　緑のダムと呼ばれる森林の保水機能，治水機能，土砂流出防止機能や，ヒートアイランド現象の緩和機能などは，環境サービスあるいは生態系サービスと呼ばれる．環境サービスに対して，適切な対価が支払われることは稀だが，林野庁は森林の公益的機能を年間75兆円と試算している．神奈川県では，丹沢・大山山地の森林保全のため，水源環境税を徴収している．

＜非利用価値（非経済価値）＞

　経済的価値を強調しなくても，生物多様性の価値を説明することはできる．生物多様性の非利用価値（非経済的価値）には，以下のようなものがある．

⑤ 審美的価値

　国立公園は，風景の美しさを保護するために指定されてきた．世界自然遺産の選定基準にも，比類のない美しさが第一に挙げられている．自然の審美的な価値なくしては，絵画，文学，音楽などの芸術は生まれなかったし，それにひきつけられる観光客もいない．審美的価値は，経済的価値にも結びついているのである．

⑥ 学術的価値

　天然記念物は，日本固有の生物や，北限南限の生物など，学術的な価値のある生物や自然現象を保存することを目的としている．自然科学の発展や人類の知識の集積に寄与する生物や生態系は，学術的価値を持つと評価される．

⑦ 伝統文化的価値

　地域の伝統文化は，その地域の生物多様性と密接に結びついている．白川郷の合掌造り集落は，茅葺き屋根を維持するための茅場や，釘なしで屋根材を結び合

わせるネソと呼ばれる落葉低木のマンサクやカヤ（カリヤス）を必要とする．虫送りなどの行事は稲作の文化と，アイヌの熊祭は狩猟文化と結びついている．

⑧ 生態的価値

　すべての生物は，生態系の中で何らかの役割を担っている．ラッコを乱獲した北の海では，ウニが増えて海藻が減少し，魚類資源にも大きな影響が出た．東太平洋では，ラッコを保護した結果，ジャイアントケルプの海藻林が復活した．このように生態系の中で重要な役割を果たしている生物種を，キーストーン種と呼ぶ．ラッコのように注目される存在ではないが，ミミズは森林の土壌を耕す重要な生態的役割を果たしている．

⑨ 選択的価値

　マダガスカル産のニチニチソウは，観賞用にも栽培されるが，植物に含まれるアルカロイドが抗癌剤として使われる．研究が進んでいないために，現在は利用されてはいないが，将来利用できるかも知れない生物を絶滅させてしまえば，将来の世代の選択の余地を狭めてしまうことになる．将来の世代の利益を考えた価値を選択的価値と呼ぶ．

⑩ 内在的価値

　地球上の生物多様性は，約38億年におよぶ生物進化のたまものであり，ただ一つとして人間が創造することはできない．人間にとっての価値を超えた，生物多様性そのものが持つ存在価値を内在的価値と呼ぶ．生物多様性条約の前文には，生物多様性が内在的価値を持ったものであることが書かれている．

　生物多様性には，以上のようにさまざまな価値があるが，それを図5-3のように2つの軸（地球的価値と地域的価値，経済的価値と非経済的価値）を使って整理してみよう．地球的経済価値を持っているのは生産的利用価値をもった生物（小麦，マグロなど）であり，地球的非経済価値を持っているのは審美的学術的価値をもった生物（クジラやパンダ）などである．これまでの自然保護は，グローバル経済とグローバルコンサベーションの対立であり，保全的価値をもった生物をいかにグローバル経済から救い出すかが課題であった．もう一つの軸に目を向けると，地域経済や地域文化が，グローバル経済に侵食されるという事態も生じている．

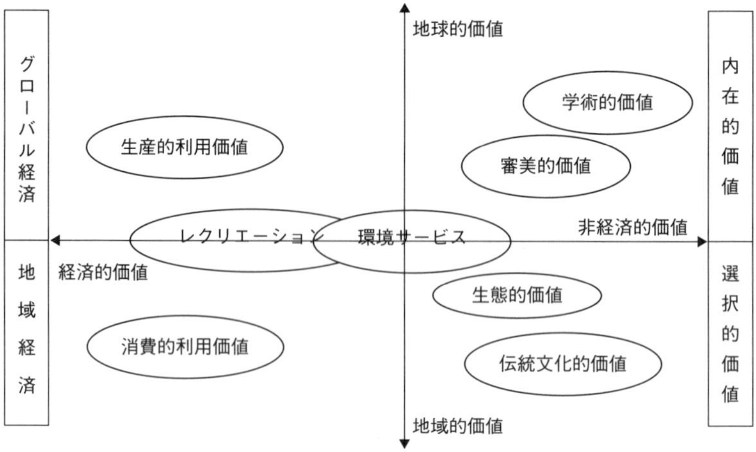
地球的価値
グローバル経済
内在的価値
学術的価値
生産的利用価値
審美的価値
レクリエーション
環境サービス
非経済的価値
地域経済
経済的価値
選択的価値
生態的価値
消費的利用価値
伝統文化的価値
地域的価値

図5-3　生物多様性の価値

『ダーウィンの悪夢』という映画は，アフリカのビクトリア湖において，外来種であるナイルパーチを導入した結果，湖の中で数百種に種分化したシクリッド（カワスズメ科の魚）が食い尽くされ，日本を含む先進国へのナイルパーチ輸出によって一部の人が利益を得る一方，伝統的な漁業に依存してきた人々は貧困を極めている状況を映し出している．今後，世界遺産条約やワシントン条約などのグローバルコンサベーションの手段を併用しつつ，生物多様性の持続的利用の慣行の中で，地域の伝統文化が維持されるような自然保護の手法を検討する必要があるだろう．

Ⅱ 生物多様性の危機

1.　レッドデータブック

絶滅のおそれのある生物種をリストアップしたものをレッドリスト，その生物種や絶滅危惧の現状を詳しく説明した本をレッドデータブックと呼んでいる．世界で最初にレッドデータブックを作ったのは，IUCN（国際自然保護連合）であ

る．1966年に作られた最初のレッドリストは，赤い表紙のルーズリーフ式であったため，それ以後レッドデータブックと呼ばれるようになった．日本で最初のレッドデータブックは，日本自然保護協会とWWFジャパンが1989年に発行した，『わが国における保護上重要な植物種の現状』である．その後，1991年に環境庁が動物種のレッドデータブックを発行し，現在では，地方自治体の多くがレッドデータブックを発行し，保護対策をとるようになってきている．まずは，世界のレッドデータブックを通じて，生物多様性の現状を見てみよう．

1）世界のレッドデータブック

IUCNのレッドデータブックは，4年ごとに開催される世界自然保護会議の際に発行されるが，最新のデータはIUCNレッドリストのホームページ*2で見ることができる．IUCNは，1994年に採択したカテゴリーを使って絶滅危惧種を分類している．絶滅種は，1個体も残さず絶滅した絶滅（EX：Extinct），野生では絶滅し動物園や植物園でのみ見られる野生絶滅（EW：Extinct in the wild）に分けられる．絶滅危惧種は，絶滅の可能性が高い順から，絶滅危惧ⅠA（CR：Critically endangered），絶滅危惧ⅠB（EN：Endangered），絶滅危惧Ⅱ（VU：Vulnerable）に分けられる．一般的に絶滅危惧種というときは，絶滅危惧ⅠとⅡの合計である．

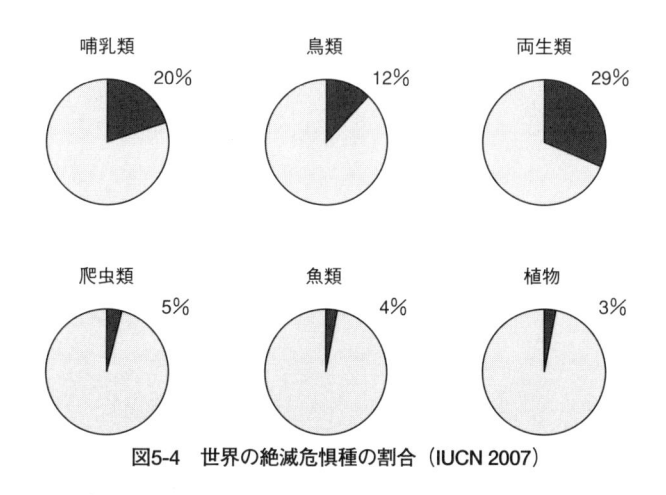

図5-4　世界の絶滅危惧種の割合（IUCN 2007）

哺乳類 20%　鳥類 12%　両生類 29%
爬虫類 5%　魚類 4%　植物 3%

---

*2　IUCNレッドリストホームページ（http://www.iucnredlist.org）

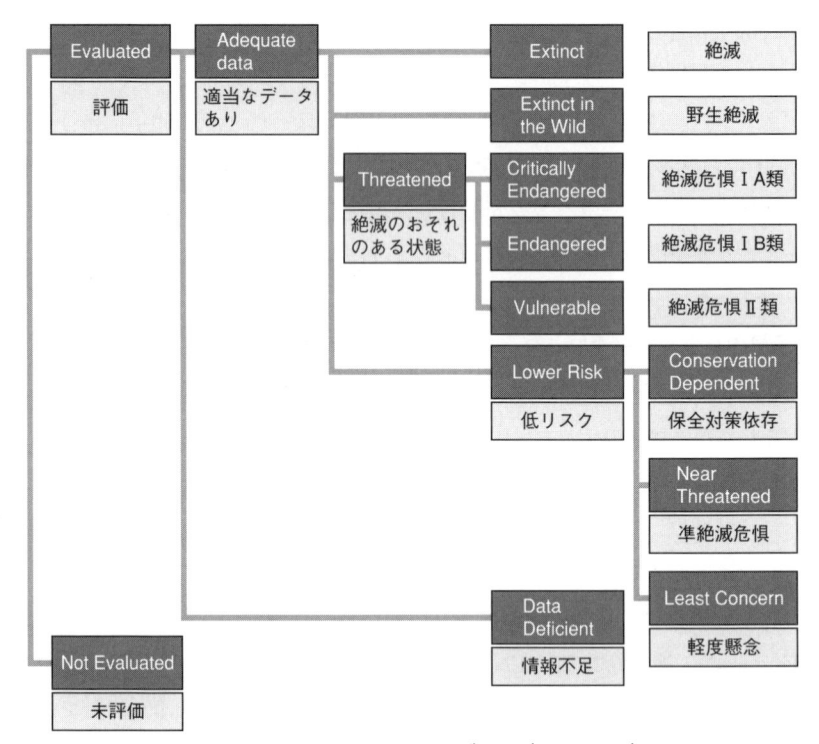

図5-5 IUCNレッドリストカテゴリー（IUCN 2004）

　2007年のIUCNレッドリストによれば，絶滅危惧種の率が高い順に，両生類（29％），哺乳類（20％），鳥類（12％）と続いている．2004年のレッドリストによって初めて両生類の調査が完了し，世界の両生類が危機的な状況にあることがわかってきた．

2）日本のレッドデータブック

　日本のレッドデータブックは，環境省編の『日本の絶滅の恐れのある野生生物[*3]』，水産庁編の『日本の希少な野生水生生物に関するレッドデータブック』のほか，『わが国における保護上重要な植物種の現状（日本自然保護協会・WWFジャパン編）』，『レッドデータ・日本の哺乳類（日本哺乳類学会編）』，『日本産蝶類の衰亡

[*3] 環境省生物多様性情報システムホームページ（http://www.biodic.go.jp/J-IBIS.html）

と保護（日本鱗翅学会編）』などNGOや学会によって編纂されているものがある．

環境省のレッドデータブックによれば，日本の動物のうち絶滅危惧種の率が高いのは，淡水・汽水性魚類（36％），陸産・淡水産貝類（34％），両生類（32％），爬虫類（32％），哺乳類（23％），鳥類（13％）である（2007年8月現在）．

日本の維管束植物は，『わが国における保護上重要な植物種の現状（1989）』の時点で，絶滅危惧種の割合がすでに18％に達していたが，『日本の絶滅の恐れのある野生生物・維管束植物（1997）』では24％に増加している．

都道府県を中心とする地方自治体においても，地方版レッドデータブックの編纂が進められている．1995年に神奈川県，三重県，兵庫県，広島県などで都道府県版レッドデータブックが発行されて，現在では全都道府県でレッドデータブックが作られている．また，近畿地方や愛知県の植物版レッドデータブックは，NGOや研究者によって発行されている．

2．絶滅の回避と保全生物学

保全生物学は，生物多様性の保全を目的とした生物学の研究分野であり，レッドデータブックの作成や，絶滅危惧種の保全・回復に大きく貢献している．保全生物学では，絶滅危惧種の保全・回復に関してどのような議論が行われているのだろうか？

1）衰退しつつある個体群と決定論的要因

IUCNレッドリストによると，絶滅危惧種に危機をもたらしている原因は，1位が生息地の分断・劣化，2位が密猟・盗掘・過剰利用，3位が侵略的外来種の順であった．

1位の生息地の分断・劣化は，哺乳類，鳥類，両生類のすべての分類群に共通している．哺乳類，鳥類，両生類の絶滅危惧種の世界的な分布を見ると，絶滅危惧種の分布は赤道付近の熱帯雨林地帯に集中している．熱帯雨林は毎年日本列島の面積の1／3ほどが伐採されているが，熱帯林の減少が種の絶滅につながっていることがわかる．

2位の密猟・盗掘・過剰利用は，とくに哺乳類と鳥類で目立っている．哺乳類，

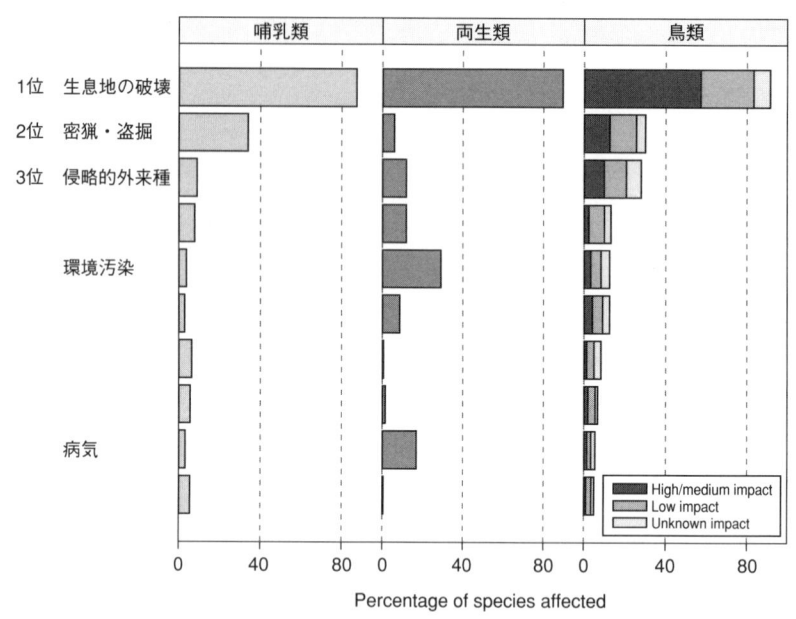

図5-6　世界の絶滅危惧種に対する危機要因（IUCN 2004）

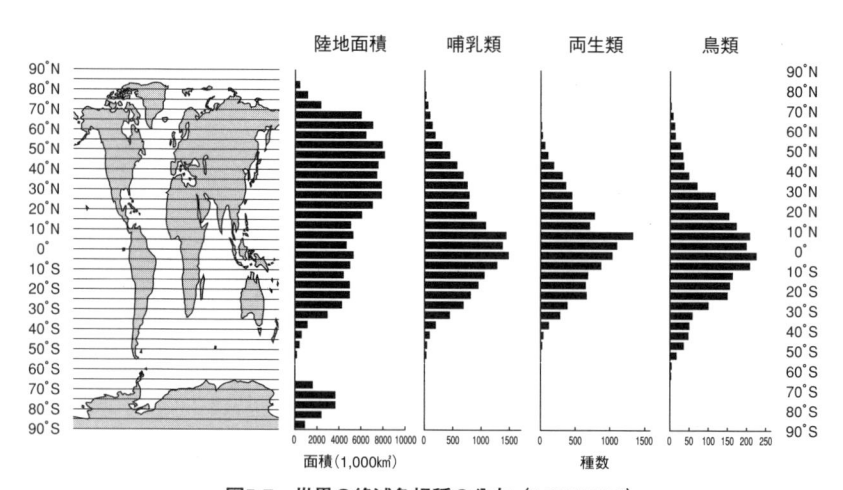

図5-7　世界の絶滅危惧種の分布（IUCN 2004）

鳥類は，漢方薬の素材や剥製・羽飾りなど，商業利用の対象となるものが多いため，野生生物の商取引が種の絶滅につながっていると考えられる．

3位の侵略的外来種は，島嶼に生息する鳥類に与える影響が大きい．とりわけ捕食者のいない島に生息する鳥類は，ニュージーランドのキーウィや沖縄島のヤンバルクイナのように飛んで逃げることができないために，外来種の捕食者が導入されるとあっと言う間に絶滅に瀕してしまう．

このほか，両生類の絶滅要因としては，大気汚染や病気の蔓延などが挙げられる．両生類の卵は，鳥類や爬虫類の卵のように厚い殻に覆われていないため，大気汚染などの影響を受けやすい．また，ツボカビ病のような病気も両生類の減少に拍車をかけている．

このような絶滅に導く要因を除去しない限り，生物は確実に個体数を減らし続けることになる．このような要因を「決定論的要因」，このような減少傾向にある個体群を「衰退しつつある個体群（Declining population）」と呼ぶ．

2）小さな個体群と確率論的要因

生物の個体群は，一定の個体数を下まわると，個体数を減少させる決定論的要因を除去したとしても，偶然発生する要因によって絶滅する可能性が高くなる．このような要因を「確率論的要因」，このような状態に陥った個体群を「小さな個体群（Small population）」と呼ぶ．

小さな個体群が絶滅にいたる確率論的要因としては，人口学的変動，遺伝学的変動，環境変動・カタストロフ（天災）などが考えられる．

人口学的変動は，小さな個体群において，新たに生まれる個体の性比が偶然に左右され偏るなど，各個体の出生や死亡に由来する人口学的ゆらぎのことである．個体数が，50個体以下となると，このような人口学的ゆらぎの影響が集団全体に及ぶようになる．

遺伝学的変動は，個体数が減少することによって，近親交配による近交弱勢が発生したり，遺伝学的多様性が減少することによって，環境変化に対する適応力を失ったりすることを指す．遺伝的多様性を維持するためには，少なくとも50個体，できれば500個体を保持することが必要であるといわれるが，この数はショウジョウバエの突然変異の発生率から求められたものであり，高等な動物になれ

ばなるほど，社会的な要因が複雑にからみあってくるため，もっと多くの個体数が必要となる．

環境変動・カタストロフ（天災）は，豪雪や洪水・旱魃など，一般的な年変動の幅を超える，大きな環境変化によって，個体数が減少することである．人口学的変動だけを考慮した場合に比べ，環境変動を考慮に加えた場合，個体群の存続には3倍近い個体数が必要だといわれている．

それでは，人口学的変動，遺伝学的変動，環境変動・カタストロフがあったとしても，絶滅を回避するには，いったいどの程度の個体数が必要となるのだろうか？

一定期間，一定の確率で個体群が存続するために最低限必要な個体数を，最少存続可能個体数（MVP）と呼ぶ．このような分析を，個体群生存可能性分析（PVA）と呼ぶ．一般的にMVPは，いかなる変動があったとしても，1000年間99％の確率で存続可能な最低限の個体数を指す．1000年というのは，あまりに長すぎて検証不可能なので，最近では100年90～95％の確率[*4]で存続可能な最低限の個体数と定義されることもある．脊椎動物の場合，人口学的変動，遺伝学的変動，環境変動・カタストロフによっても絶滅しない最低限の個体数は，500～1000頭といわれている．

3）絶滅を防ぐのに必要な保護地域の条件

それでは生物の絶滅を防ぐためには，どの程度の面積の生息地を保全すればよいのだろうか？

個体群存続に必要な個体数1000頭が生息するには，小型草食動物では少なくとも100ha，大型草食動物では1万ha，大型肉食動物では100万ha必要であるといわれる．米国の保護地域では，イエローストーン国立公園が90万haの面積を有し，4000頭のアメリカバイソン，400頭のグリズリーベア，170頭のカナダから再導入されたオオカミが生息するが，日本の保護地域は，海域を含んだ知床自然遺産地

[*4] 1994年に改訂されたIUCNレッドリストカテゴリーは，保全生物学の絶滅確率に関する研究を取り入れ，CRは10年または3世代後に50％以上の確率で絶滅の可能性がある種，ENは20年または5世代後に20％以上の確率で絶滅の可能性がある種，VUは100年間に10％以上の確率で絶滅の可能性がある種を選定することとしている．

域（7万ha），奥会津森林生態系保護地域（8万ha）が最大級である．つまり，カモシカのような大型草食動物が生息するには十分だが，オオカミのような肉食動物が生息するには狭すぎるといえるだろう．

　日本の保護地域は，狭いだけではなく，道路や鉄道によって分断されている場合が多い．生息地の分断は，そこにすむ野生生物にとって，遺伝子レベルの生物多様性を失わせることによって，絶滅の可能性を高めることになる．これを防ぐためには，分断された生息地を，生態コリドー（緑の回廊など）によって連結し，遺伝的交流の機会を確保することが必要である．

　また，生息地の縁が増えることによるエッジエフェクト（林縁効果）も見逃せない．生息地の縁から少なくとも100～200m程度は，森林の外側からの光や気候によって，動植物相や鳥類の繁殖成功率などに影響を与えることが知られている．これを防ぐためには，保護地域の外側に，少なくとも100～200m程度のバッファーゾーン（緩衝帯）を設けることが必要である．
（コリドーとバッファーゾーンの実例については，第2章を参照のこと）

Ⅲ 野生生物を保護するための法制度

　生物多様性は，生物種だけではなく，遺伝子レベルから生態系レベルまでを含むため，自然公園法，自然環境保全法などあらゆる法制度が，これに関係してくる．この項では，生物多様性のうち，野生生物とその生息地の保全に関係する法制度を取り上げる．

1. 種の保存法と希少野生動植物保存条例

　密猟・盗掘・過剰利用は，生息地の分断・劣化に次ぐ第2の絶滅要因である．密猟・盗掘・過剰利用による絶滅を防ぐためには，少なくとも海外からの絶滅危惧種の輸入禁止，国内での絶滅危惧種の譲渡し等の規制を行う必要がある．国際的な絶滅危惧種の取引については，1973年にできたワシントン条約によって規制さ

れているが，その実効性を上げるためには，国内においても絶滅危惧種の譲渡し等が規制されなくてはならない．また，国内の絶滅危惧種については，これまで一部が天然記念物などとして，捕獲等が規制されていたが，すべての生物の分類群について，絶滅のおそれのある種を保護する法律は，1990年代まで存在しなかった．そこで，1992年の国会で，「絶滅のおそれのある野生動植物の種の保存に関する法律（種の保存法）」が制定され，1993年4月から法律が施行された．都道府県においても，地方版レッドデータブックに基づいて，希少野生動植物保存条例をつくる自治体が増えてきている．

1）種の保存法

「絶滅のおそれのある野生動植物の種の保存に関する法律」（以下，種の保存法）は，ワシントン条約の国内法として国際希少野生動植物の国際取引ならびに国内での譲渡し等を規制する法律として，また，国内希少野生動植物の譲渡しや生息地の保護回復を図る法律として1992年に制定され，1993年から施行されている．ワシントン条約調印（1973）や米国の絶滅危惧種法（Endangered Species Act 1973）の制定から，ちょうど20年遅れてのスタートである．

① 種の保存法の概要

種の保存法では，総則，個体等の取扱いに関する規制，生息地等の保護に関する規制，保護増殖事業，雑則，罰則などの章からなっている．

総則ではまず，「野生動植物が，生態系の重要な構成要素であるだけでなく，自然環境の重要な一部として人類の豊かな生活に欠かせないものであるということにかんがみ，絶滅のおそれのある野生動植物の種の保存を図ることにより良好な自然環境を保全し，もって現在および将来の健康で文化的な生活の確保に寄与する」と法律の目的を定めている．また「国は野生動植物のおかれている状況を常に把握するとともに，絶滅のおそれのある動植物の保存のため総合的な施策を策定し実施する」と国の責務を定めている．

これに基づき，環境大臣は中央環境審議会の意見を聴いて，希少野生動植物種保存基本方針を定め，国際希少野生動植物種，国内希少野生動植物種，特定国内希少野生動植物種，緊急指定種を指定する．

国際希少野生動植物種は，原則としてワシントン条約で許可なく輸出入を禁じ

られた動植物種[*5]の輸入や国内での譲渡しや，個体登録なく占有することを規制している．

　国内希少野生動植物種[*6]は，日本のレッドデータブックに掲載された種のうち，政令で指定するものについて，捕獲・譲渡し等の規制のほか，生息地等の保全，保護増殖事業を実施することができる．

　特定国内希少野生動植物種は，日本国内の希少野生動植物種のうち，商業的な繁殖が可能なものであって政令で指定するものであり，繁殖業者登録によって繁殖個体と野生個体の区別をすることで，野生個体の保護を図ることが適当であるものである．

　緊急指定種は，新たな科学的知見の発見によって，緊急に政令で指定することが適当な国内の希少野生動植物種である．これまでの3つのカテゴリーの種指定は，閣議決定を経なければならないのに対して，緊急指定種は3年以内，関係行政機関の長との事前協議という限定付きではあるが，環境大臣の権限で指定することができる．

　また，環境大臣は，国内希少野生動植物種の保存のために必要があると認めるときは，中央環境審議会の意見を聴いて，野生動植物種の生息生育地を生息地等保護区[*7]に指定することができる．生息地等保護区は，監視地区，管理地区，立入制限地区の3つのゾーニングを持っており，宅地の造成，建築物の新築・改築，水面の埋立て，木竹等の伐採などの行為は，監視地区では届出，管理地区では許可制となっている．立入制限地区では，環境大臣が定める期間の立入も禁止される．

　国は，国内希少野生動植物の保存のために必要があると認めるときは，保護増殖事業を行うことができる．地方公共団体等も，国の認定を受けた認定保護増殖事業を行うことができる．

　雑則では，希少野生動植物保存取締官の任命や希少野生動植物保存推進員の委

[*5] 国際希少野生動植物種には，原則としてワシントン条約付属種Ⅰに記載された動植物種を政令指定することとなっているが，クジラ類，クマ類の胆のうについては対象外となっている．
[*6] 国内希少野生動植物種は，日本のレッドデータブック掲載種から選定されるが，2007年現在，掲載種3155種に対して，政令指定種はわずか73種にとどまっている．
[*7] 生息地等保護区は，2007年現在，南アルプスのキタダケソウ群落など全国で9カ所が指定されているが，73種の指定に対して保護区の指定が少なすぎることが問題である．

嘱が定められ，罰則では法令違反に対する罰則を定めている．

② 種の保存法の問題点

　種の保存法は，制定から15年以上経過しているが，国内希少野生動植物種の指定は73種のみであり，レッドデータブックに記載された絶滅危惧種3155種に比べて，あまりに少ない．この理由としては，米国の絶滅危惧種法が，内務長官が科学的根拠に基づいて種指定を行うのに対して，日本の種の保存法は，政令指定すなわち閣議決定を要するため，国土交通省や農林水産省など関係省庁の了解が得られない種については，指定がすすまない．緊急指定種のみは，3年間に限って環境大臣の権限で指定できるが，やはり関係省庁との事前協議が必要であるため，公共事業によって危機に瀕している種などは指定が難しい（第3章の川辺川ダムによる水没の影響を受けるイツキメナシナミハグモ，ツヅラセメクラチビゴミムシの例など）．また，水生生物については，1992年に種の保存法ができたときに，環境庁自然保護局長と水産庁長官が覚書を交わし，種の保存法の対象としないことが定められている．しかし，絶滅に瀕した水生生物まで対象外とすることに対する批判が高まり，2002年にジュゴンのみは種の保存法の対象とすることが認められた（しかし，2007年現在まだジュゴンは種指定を受けていない）．さらに，種の保存法は，種および亜種を指定対象としているものの，レッドデータブックに掲載されている地域個体群を指定対象としていない．たとえば，ツキノワグマは，九州では絶滅，四国や中国では絶滅寸前となっているが，全国的にはいまだに狩猟獣という扱いを受けている．

　種の保存法では，生息地等保護区の指定は義務づけられていないため，73種が政令指定を受けながら，生息地等保護区が指定されているのは7種9カ所[*8]のみである．しかも，面積は885ha（うち規制の厳しい管理地区は385ha）に過ぎない．

　種の保存法の目標は，絶滅のおそれのある状態から安全な状態に引き戻すことに置くべきだが，保護回復計画（保護増殖計画）が策定されている種が少ないた

[*8] 栃木県の羽田（はんだ）ミヤコタナゴ生息地保護区，山梨県の北岳キタダケソウ生育地保護区，京都府の善王寺長岡アベサンショウオ生息地保護区，兵庫県の大岡アベサンショウオ生息地保護区，熊本県の山迫（やまさこ）ハナシノブ生育地保護区，北伯母様（きたおばさま）ハナシノブ生育地保護区，鹿児島県の藺牟田池（いむたいけ）ベッコウトンボ保護区，沖縄県の宇江城（うえぐすく）キクザトサワヘビ生息地保護区，米原イシガキニイニイ生息地保護区の9カ所．

め，なかなか思ったような実効性をあげられない．米国の絶滅危惧種法においては，絶滅危惧種の80％以上に保護回復計画が作られているが，日本の種の保存法ではわずか1.2％（政令指定種の53％）に過ぎない．

国際希少野生動植物の保護に関しては，クマ類，クジラ類については，ワシントン条約の付属書Ⅰに記載されているにもかかわらず，種の保存法では国内取引規制の対象外としている．アジアクロクマは絶滅危惧種になっているが，国内ではツキノワグマの熊の胆（くまのい）の取引が規制されていないため，国際取引の抜け穴を作ってしまっている．また，罰金*9が，特定外来生物法と比較して低額であるため，多少のリスクを犯しても密輸入を図ろうとする事件が絶えない．

2）地方自治体の希少野生動植物保護条例

全都道府県でレッドデータブックが発行され，地方自治体においても希少野生動植物種の保護に関する条例づくりが始まった．1995年に広島県で「広島県野生生物の種の保護に関する条例」が制定され，現在では24都道府県がなんらかの希少野生動植物保護条例を定めている．

長野県希少野生動植物保護条例は，2003年に制定され，2004年1月から施行されている．都道府県の中では，比較的遅れてできた条例だが，国の法律や他府県の事例を参考に作られたため，さまざまな工夫がなされている．

長野県版レッドデータブックに記載された動植物種のうち，なるべく多くの種をカバーするため，指定希少野生動植物種のうち，とくに厳正な保護を必要とする種を特別指定希少野生動植物種に指定し，指定希少野生動植物の捕獲・採取は届出制，特別指定希少野生動植物種の捕獲・採取は原則禁止している．これは，レッドデータブックに記載された動植物の多くが里地里山に生息生育する種であることから，捕獲・採取を禁止するよりも，県民の協力によって保護回復措置をとるほうが有効であるという判断に基づいている．この結果，長野県希少野生動植物種保護条例によって指定された生物種は，植物52種（うち特別指定14種），無脊椎動物10分類群（うち特別指定2分類群），脊椎動物11種（うち特別指定2種），合計73分類群（うち特別指定18分類群）と自治体の中では群を抜いて多い．無脊

---

*9 種の保存法違反の罰則は，2007年現在，最高額で100万円となっている．後述の特定外来生物法の罰金の最高額は，個人で300万円，法人で1億円である．

椎動物で，10分類群という書き方をしたが，長野県希少野生動植物保護条例は，種の保存法では指定できない地域個体群も指定対象としており，長野県の蝶類のうち，3種5亜種および2地域個体群（チャマダラヒカゲの木曽町開田高原地域個体群とヒメヒカゲの岡谷市・塩尻市地域個体群）が指定希少野生動植物種に指定されたためである．外見で区別不可能な地域個体群を指定することは困難を伴うが，蝶類の場合，産地によって外見で区別できる場合があり，地域個体群を指定して捕獲規制を行うことが可能である．

長野県希少野生動植物種保護条例は，県民だけではなく長野県を訪れる人も「県民等」として条例の対象となりうる．2006年に指定希少野生動植物のオオイチモンジを捕獲した他県民が，条例違反によって逮捕されている．また，長野県希少野生動植物種保護条例は，国の種の保存法とは違って，公共事業による生息地破壊も例外とはしていない．県や事業者が，特別指定希少野生動植物種に影響を与える可能性のある開発行為をする場合は，計画段階において影響を回避すること，指定希少野生動植物種に対しては配慮すること求めているのが，他県の条例にはない長野県希少野生動植物種保護条例の特色である．

2. 特定外来生物法

IUCNレッドリストによれば，絶滅の第3番目の原因が侵略的外来種だといわれている．外来種（Alien species）のうち，在来の生物種や生態系に悪影響を与える種は，侵略的外来種（Invasive alien species）と呼ばれる．IUCNはジャワマングースやオオクチバスなど100種の侵略的外来種[10]をリストアップして，在来の生態系における蔓延防止や早期駆除を呼びかけている．

オーストラリア，ニュージーランドは農業国でもあるため，外来生物による農産物への悪影響に大きな注意を払っており，税関における動植物の持ち込みは，許可されたものでなければできない．それに比べると日本は，外来生物の持ち込みには非常に鈍感であり，むしろ外来種を歓迎する風潮さえあった．しかし，ジ

---

[10] 世界の侵略的外来種ワースト100は，以下のサイトで見ることができる（http://www.iucn.jp/protection/species/worst100.html）．

ャワマングースによるアマミノクロウサギやヤンバルクイナの捕食，ノヤギによる小笠原諸島の植生破壊，セイヨウオオマルハナバチと在来のマルハナバチとの競合による在来植物の送粉への影響，アカゲザル・タイワンザルと在来のニホンザルとの交雑による遺伝的撹乱など，生物多様性の保全にとって看過できない状況が生じてきたため，2004年国会において「特定外来生物による生態系等に係る被害の防止に関する法律（特定外来生物法）」が成立した．

この法律でいう「特定外来生物」とは，「海外から我が国に導入されることによりその本来の生息地又は生育地の外に存することとなる生物（外来生物）であって，我が国にその本来の生息地又は生育地を有する生物（在来生物）とその性質が異なることにより生態系等に係る被害（生態系，人の生命若しくは身体又は農林業に係る被害）を及ぼし，又は及ぼすおそれのあるものとして政令で定めるものの個体及びその器官をいう」と定義されている．つまり外来生物のうち，在来生物および生態系，人の生命，農林業に被害を与えるおそれのあるもので，特定外来生物として政令指定されたものが，輸入，飼養，野外への放逐などの規制や防除の実施の対象となる．

これに対して，NGOや研究者からは，明らかに生態系に影響を与える外来生物のみを指定するダーティーリスト主義では，生態系に潜在的な脅威となるグレーゾーンの外来生物の導入を認めてしまうことになり，被害が出てからでは取り返しがつかなくなるので，原則としてすべての外来生物の輸入を制限し，生態系に影響がないと証明された外来生物のみを許可するクリーンリスト主義[11]をとるべきだという批判がなされた．

そこで特定外来生物法は，未判定外来生物（在来生物とその性質が異なることにより生態系等に係る被害を及ぼすおそれがあるものである疑いのある外来生物）を省令で定め，未判定外来生物を輸入しようとする者は，あらかじめ主務大臣に届けなければならないことにした．また，特定外来生物，未判定外来生物を含む分類群に属する生物は，特定外来生物，未判定外来生物でないことがわかるように，輸出国の種類名証明書の添付を求めることになった．これによって，特定外

---

[11] ニュージーランドの新生物法（1996）は，法制定後に導入しようとする生物は，リスク管理委員会の審査を経て，安全と判断されたもののみに限定するクリーンリスト方式をとっている．

来生物[*12]（生態系等に係る被害を及ぼす外来生物），未判定外来生物[*13]（生態系等に係る被害を及ぼす疑いのある外来生物），種類名証明書の添付が必要な生物（特定外来生物・未判定外来生物と紛らわしい外来生物）という，3ランクの指定がなされることになった．さらに環境省は，要注意外来生物リスト148種を発表して，引き続いて科学的知見の集積に努めることとしている．

なお，特定外来生物法違反の罰金は，環境法としては高額であり，個人300万円，法人1億円を限度としている．また，輸入，飼養，放逐等の原因となる行為をした者があるときは，防除実施の際にかかる費用の全額または一部を負担させることができることになっている．

このように特定外来生物法は，今後の特定外来生物の導入防止には威力を発揮するが，小笠原諸島に持ち込まれたノヤギ，グリーンアノール，アカギや，奄美群島・沖縄本島に持ち込まれたジャワマングース，北海道に持ち込まれたセイヨウオオマルハナバチなど，すでに日本国内に広がってしまった外来生物の防除は，関係行政機関やNPOの努力に依存している．特定外来生物法が，生物多様性の保全と回復に寄与するためには，防除の予算・人員の確保，外来種対策に対する国民の理解など課題も多い．

3. 自然再生推進法

生物多様性の減少を防ぐには，生物種の絶滅を防止し，生態系を保全するだけでは十分とはいえず，過去に失われた生態系を復元するなどの積極的な対策が求められる．保全生態学では，このような分野を復元生態学（Restoration Ecology）と呼んでいる．

国内では，建設省河川局が，多自然型川づくり（1990年）や魚がのぼりやすい川づくり（1991年）など早くから自然復元事業を実施してきた．それに続いて，

[*12] 2007年現在，哺乳類20分類群，鳥類4種，爬虫類6種，両生類5種，魚類13種，無脊椎動物28分類群，植物12種，合計88分類群が特定外来生物に指定されている．

[*13] 2007年現在，哺乳類11分類群，鳥類1分類群，爬虫類5分類群，両生類5分類群，魚類15分類群，無脊椎動物11分類群，植物1分類群が未判定外来生物に指定されている．

環境省が国立公園における自然再生プロジェクトを，農林水産省が田園自然再生プロジェクトをすすめた．

国や地方自治体における自然復元に対する機運の高まりを受けて，2002年臨時国会において自然再生推進法が成立し，2003年から施行された．

自然再生推進法において，「自然再生」とは「過去に損なわれた生態系その他の自然環境を取り戻すことを目的として，関係行政機関，関係地方公共団体，関係住民，特定非営利活動法人，自然環境に関し専門的知識を有する者等の地域の多様な主体が参加して，河川，湿原，干潟，藻場，里山，里地，森林その他の自然環境を保全し，再生し，若しくは創出し，又はその状態を維持管理すること」と定義されている（第2条）．国会審議にあたって，NGOから「看板を架け替えた新たな公共事業ではないか，開発推進の免罪符になるのではないか」という批判を受け，参議院では「本法に基づく自然再生事業は，従来からの公共事業の延長として行われるものでなく，過去に行われた事業や人間活動によって損なわれた生態系その他の自然環境を取り戻すことを目的として実施される旨を徹底すること」という付帯決議が付けられた．

また，自然再生の基本理念として，①生物多様性の確保を通じて自然と共生する社会の実現を図る，②関係行政機関，関係地方公共団体，関係住民，NPO法人，専門家など多様な主体が連携して透明性をもって運営される，③地域の自然特性，自然の復元力，生態系の均衡を踏まえて科学的に実施する，④自然再生事業を監視し，科学的な評価を加え，自然再生事業に反映させる順応的管理を行う，⑤自然再生事業を自然環境学習の場として活用する，の5点が挙げられている（第3条）．

この理念を実現するため，自然再生事業にあたっては，多様な主体からなる自然再生協議会[14]を設置し，自然再生全体構想の作成，自然再生事業実施計画の協議を行うことになっている．また，この計画は関係行政機関の長に送られるが，その際に関係機関の長が必要な助言を行う必要があるときは，自然環境の専門家

---

[14] 2007年現在，北海道の釧路湿原自然再生協議会から沖縄県の石西礁湖自然再生協議会まで，18地区に自然再生協議会が設置され，14の自然再生全体構想と8の自然再生事業実施計画が策定されている．

によって構成される自然再生専門家会議の意見を聴くことになっている．

　自然再生推進法が，生物多様性の保全と回復に寄与することができるかどうかは，自然再生協議会が先導して，多様な主体がかかわる自然再生事業ができるかにかかっている．

（自然復元の原則については62ページを参照のこと）

第6章
国際条約による生物多様性の保全

　1972年にスウェーデンのストックホルムで環境問題に関する最初の国連会議（国連人間環境会議）が開催されて以後，ワシントン条約，ラムサール条約など生物種や生態系を保全するさまざまな条約や制度が作られてきた．1992年にブラジルのリオ・デ・ジャネイロで開かれた環境と開発に関する国連会議（地球サミット）は，気候変動枠組み条約や生物多様性条約といった重要な条約を成立させた．本章ではこれらの条約・制度をまとめて検討してみよう．

Ⅰ 人類共通の財産を守る〜1970年代の国際条約

1972年の国連人間環境会議前後に，ラムサール条約，世界遺産条約，ワシントン条約，ボン条約などの国際条約や制度が作られた．これらの国際条約は，ラムサール登録湿地，世界遺産リスト，ワシントン条約付属書，ボン条約付属書など，国際的に重要な生物種や生息地をリストアップして保護するという共通の特色を有している．これらの条約は，加盟国の主権を認めつつも，人類共有の財産を国際協力によって守るという思想によって貫かれているといえるだろう．

1. ラムサール条約

ラムサール条約[*1]は，正式には「特に水鳥の生息地として国際的に重要な湿地に関する条約」といい，1971年に条約が採択された都市であるイランのラムサールの地名にちなんでラムサール条約と呼ばれている．

ラムサール条約の成立にあたっては，IUCN（国際自然保護連合）[*2]のほか，IWRB（国際水禽調査局）[*3]など渡り鳥の調査研究に携わる団体が，オランダ政府など湿地の保全に熱心な国々を巻き込んで条約草案を作成した．そのため，条約の名称に「特に水鳥の生息地として」という文言が入っているが，現在では水鳥に限定せず，広く湿地の保全と賢明な利用を推進する条約となっている[*4]．

ラムサール条約では，「湿地」とは「天然のものであるか人工のものであるか，永続的なものであるか一時的なものであるかを問わず，さらには水が滞っているか流れているか，淡水であるか汽水であるか鹹水（かんすい＝塩水）であるかを問わず，沼沢地，湿原，泥炭地または水域をいい，低潮時における水深が6mを超

[*1] 2007年現在，156カ国が加盟し，1676カ所（150万km^2）の湿地が，登録湿地となっている．
[*2] ラムサール条約事務局は，スイスのIUCN（国際自然保護連合）本部内に置かれている．
[*3] IWRBは，1996年にWetland International（WI：国際湿地保護連合）と改称された．
[*4] 1999年にコスタリカで開催された第7回締約国会議において，「国際的に重要な湿地の基準」が採択され，国際的な重要な湿地とはグループA（代表的な湿地），グループB（生物多様性保全上重要な湿地）に大別した上で，後者には絶滅のおそれのある生物種を支える湿地，水鳥の2万羽以上あるいは全世界の個体数の1%以上を支える湿地，固有の魚類を支える湿地などを含むこととなった．

えない海域を含む」と非常に広く定義されている（第1条）.

　加盟国は，①国内の湿地を調査し湿地目録を作成し，少なくとも1カ所以上の湿地を国際的に重要な湿地として登録する（第2条），②国内の湿地の賢明な利用を促進するための計画を作成する（第3条），③湿地に自然保護区を設けて湿地や水鳥を保全するとともに，湿地管理者などの研修を促進する（第4条），④国境をまたぐ湿地の保全を協議・調整する（第5条），⑤締約国会議の決議を尊重し分担金[*5]を支払う（第6条）などの義務を負う.

　ラムサール条約の保全の特色は，「賢明な利用（Wise Use）」という言葉に表現されている．多くの湿地は，農業・漁業など，住民の生業の場として使われている場合が多いため，手をつけずに守るという保存型自然保護よりも，上手に利用するという保全型自然保護のほうがふさわしい．ラムサール条約は，それを「賢明な利用」という言葉で表現したのである．「湿地の賢明な利用」とは「生態系の自然的資産の維持と両立した方法で，人間の利益のための湿地の持続的な利用」であり，「湿地の持続的な利用」とは「将来の世代の利益を充足する能力を維持しながら，現代の世代に持続的な最大収量をもたらすような湿地の利用」と定義される（第3回締約国会議）．このためラムサール条約は，1676カ所という非常に多くの湿地を登録湿地とすることに成功している.

　日本はラムサール条約に，1980年に加盟し，同時に釧路湿原を登録湿地として登録した．初期の登録湿地は，伊豆沼・内沼（宮城県），クッチャロ湖，ウトナイ湖，霧多布湿原（北海道）など，湖沼や湿原が多かったが，2004年までに谷津干潟（千葉県），漫湖（沖縄県），藤前干潟（愛知県）などの干潟も少しずつ増やしてきた．2005年にウガンダで開催された第9回締約国会議では，登録湿地を2000カ所にするという目標にあわせて，串本沿岸海域（和歌山県），屋久島永田浜（鹿児島県），慶良間諸島海域（沖縄県）などの海岸・海域を含む20カ所を新たに登録した結果，国内の登録湿地は一挙に33カ所まで拡大した.

　また，ラムサール条約は，IUCN，IWRBなどのNGOによって準備された条約であるため，NGOの参加が重要視されており，1993年に釧路で開かれた第5回締

[*5] 2005年の日本の分担金は71万スイスフラン（米国に次いで世界2位）であり，さらにこれ以外に8.4万フランの任意拠出金を支払っている.

図6-1 日本のラムサール条約登録湿地

約国会議においては，日本国内のNGOが登録湿地であるウトナイ湖に影響を与える千歳川放水路計画を問題として取り上げ，これがひとつのきっかけとなって千歳川放水路計画は中止された．

2. 世界遺産条約

世界遺産条約*6の正式名称は，「世界の文化遺産及び自然遺産の保護に関する条約」といい，1972年にパリで開かれた第17回ユネスコ総会において採択された．
ユネスコは，1960年代にアスワンハイダムによる水没からエジプトのヌビアの

第6章 国際条約による生物多様性の保全

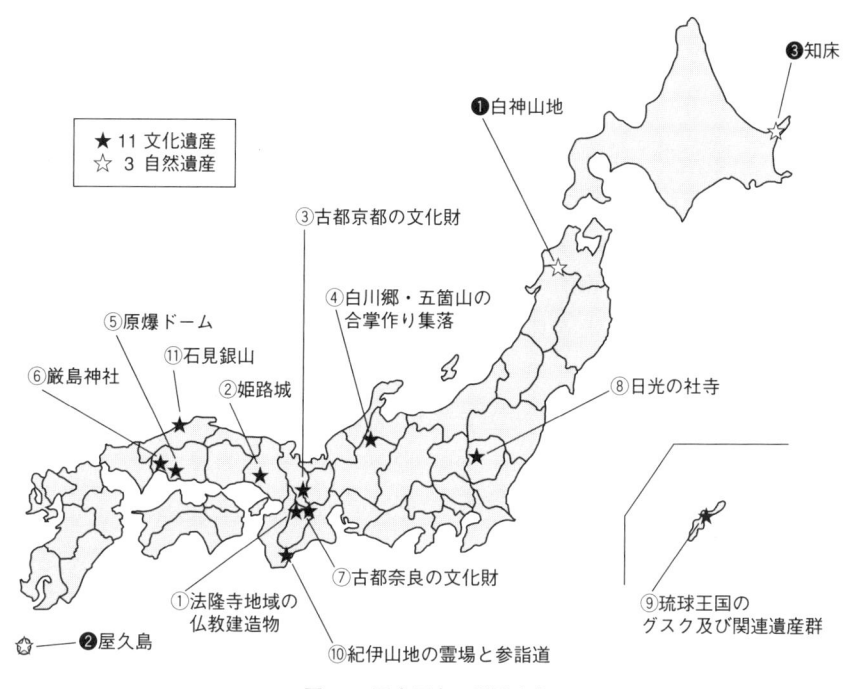

```
★ 11 文化遺産
☆ 3 自然遺産
```

① 白神山地
③ 知床
③ 古都京都の文化財
④ 白川郷・五箇山の合掌作り集落
⑤ 原爆ドーム
⑪ 石見銀山
⑥ 厳島神社
② 姫路城
⑧ 日光の社寺
② 屋久島
① 法隆寺地域の仏教建造物
⑦ 古都奈良の文化財
⑩ 紀伊山地の霊場と参詣道
⑨ 琉球王国のグスク及び関連遺産群

図6-2 日本国内の世界遺産

遺跡を国際協力によって守った経験から，文化遺産の保護に関する条約を準備していた．一方，IUCNは，イエローストーン国立公園100年を記念して，自然遺産の保護に関する条約をそれぞれ別々に準備していた．1972年の国連人間環境会議において，文化遺産と自然遺産の保護を一つの条約とする[7]ことが求められ，世界遺産条約が成立した．

世界遺産条約において「自然遺産」とは，「無生物又は生物の生成物又は生成物群から成る特徴のある自然の地域であって鑑賞上又は学術上顕著で普遍的価値を有するもの．地質学的又は地形学的形成物及び脅威にさらされている動物又は植

---

[6] 2007年現在，184カ国が加盟し，660の文化遺産と166の自然遺産，25の文化・自然の複合遺産が世界遺産リストに登録されている．日本は1992年に加盟国となり，11の文化遺産と3の自然遺産を世界遺産リストに登録している．
[7] 世界遺産条約のエンブレム（マーク）は，自然を表す円と文化を表す四角からなっている．

物の種の生息地又は自生地として区域が明確に定められている地域であって学術上又は保存上顕著な普遍的価値を有するもの」とわかりにくく定義されている（第2条）.

そこで，世界遺産条約履行指針[*8]には，顕著な普遍的価値（Outstanding Universal Value）を示す4つの登録基準（Criteria）を定めている．すなわち，①類例を見ない自然の美しさあるいは美的重要性を持ったすぐれた自然現象あるいは地域，②生命進化の記録，重要な進行中の地質学的・地形形成過程あるいは重要な地形学的自然地理学的特徴を含む地球の歴史的に主要な段階を代表する顕著な見本，③陸上・淡水域・沿岸・海洋の生態系や生物群集の進化発展において重要な進行中の生態学的生物学的過程を代表する顕著な見本，④学術的・保全的視野から見て顕著な普遍的価値を持つ絶滅のおそれのある種を含む生物多様性の野生状態における保全にとって最も重要な自然の生息生育地を含むものである．

最後の④は，1992年に米国のサンタフェで開かれた世界遺産委員会において改定された基準であり，同年地球サミットにおいて生物多様性条約が調印されたことを受けて，生物多様性の生息域内保全という概念を含めたものである．ちなみに日本国内の自然遺産では，白神山地は③に，屋久島は①と③に，知床は③と④に該当するという理由で，顕著な普遍的価値が認められ，世界遺産リストに登録された．

世界遺産リストに登録されるためには，①から④の登録基準のうち，少なくともひとつに合致するほか，完全性（Integrity）の証明および国内法での担保が求められる．締約国は，その候補地が顕著な普遍的価値を現在も維持しており，将来にわたって維持できることを証明しなければならない．すなわち，十分な面積を有していること，原生的な環境を維持していること，国立公園や自然環境保全地域等として保護されていることが条件となる．世界遺産条約は，どちらかというと保存型自然保護志向であり，手つかずの自然を人間活動による影響からきちんと守ることが求められるのである．また，最近は推薦書を提出する際に，管理計画（Management Plan）の提出が義務付けられている．これによって，観光開

[*8] 世界遺産条約履行指針（Operational Guideline）は，条約履行の細則を定めたものであり，現在は2005年に改定された履行指針が使われている．

発や侵略的外来種などから世界遺産登録地をきちんと保護する国内的なしくみを事前に作ることが求められているのである.

世界遺産条約の特徴として，2年に一度開催される締約国会議は，予算決算や世界遺産委員国の選挙などの役割をもつに過ぎず，締約国のうち21カ国から構成される世界遺産委員会が，世界遺産リストへの登録を含む条約の重要事項を決めているという点である．また，自然遺産に関してはIUCN，文化遺産に関してはICOMOS（国際記念物遺跡会議）[9]が専門団体として位置づけられており，それぞれ自然遺産と文化遺産の科学的評価を担当している．すなわち，毎年2月までに締約国から推薦された物件は，専門団体の調査と評価書を経て，翌年の7月頃開催される世界遺産委員会において，世界遺産リストへの掲載の可否が決定される．

また，世界遺産委員会では，危機にさらされた世界遺産リスト（危機遺産リスト）[10]への掲載についても議論される．このリストは，地震・洪水などの自然災害や，戦争・内戦による破壊，開発による破壊などによる危機にさらされている，あるいは潜在的な危機にある遺産を登録するものである．

たとえば，コンゴ民主共和国にあるガランバ国立公園は，キタシロサイの生息地であるという理由で自然遺産に登録されたが，内戦と密猟のためシロサイは絶滅寸前の状態となっており，世界遺産委員会では，世界遺産基金などを活用した国際協力にもかかわらず，シロサイが絶滅すれば世界遺産リストそのものから削除されるかもしれない．

エクアドルのガラパゴス国立公園は，海洋生物の乱獲によって危機遺産リストに入れられそうになったが，エクアドル政府が国立公園を海域にまで拡大し自然保護を進めることで，危機遺産リストに掲載されることを免れた．しかし，2007年の世界遺産委員会においてガラパゴスは，観光客の増加による影響が大きいとして危機遺産リストに入れられた．

また，オーストラリアのカカドゥ国立公園内は，イリエワニがすむ湿地生態系として知られているが，河川流域で日本向けのウラニウム採掘が行われ，生態系

---

[9] 1965年に設立された記念物・遺跡に関する専門家によって構成されるNGOであり，本部はパリに置き，107カ国に国内委員会を有している．
[10] 2007年現在，24カ国にある30カ所が，危機遺産リストに登録されている．

への影響と先住民への健康被害が問題となった．1998年に京都で開催された世界遺産委員会には，オーストラリアの自然保護団体ウィルダネス協会や先住民の代表が参加して，カカドゥ国立公園を危機遺産リストに掲載するよう求めた．オーストラリア政府は，危機遺産リストに掲載することを拒否したが，これがきっかけとなって2003年には国際鉱業界が今後世界遺産内では採掘を行わないことを宣言し，カカドゥのウラニウム鉱山も埋め戻されることになった．

このように世界遺産条約は，世界遺産リスト，危機遺産リスト，世界遺産基金などの手段を使いながら，国際協力によって世界の生物多様性の保全に貢献しているといえるだろう．

3. ワシントン条約

ワシントン条約[*11]の正式名称は，「絶滅のおそれのある野生動植物の種の国際取引に関する条約」という．1973年に米国のワシントンD.C.において採択されたため，日本ではワシントン条約と呼ばれるが，国際的には英語名の略称であるCITES（サイテス）が通用しており，条約のエンブレムもアフリカゾウの形をCITESの文字でかたどったものである．

IUCNは世界で最初のレッドデータブックを発行するとともに，1963年にナイロビで開催された総会において，「希少または絶滅に瀕した野生生物種とその毛皮・トロフィーの輸出・輸送・輸入の規制に関する条約」を求める決議を採択した．IUCNは，1963年から1971年まで条約の草案づくりと政府や非政府組織との調整に費やした．1972年のストックホルム国連人間環境会議において，条約の早期締結を求める決議が出され，1973年に米国のワシントンD.C.において88ヵ国が参加して条約に調印，1975年に条約が発効した．

ワシントン条約は，絶滅のおそれのある動植物をリストアップして，その取引，すなわち輸出，輸入，再輸出（すでに輸入された動植物の再輸出）および海からの持込み（公海で捕獲した野生動植物の輸送）を規制している（第1条）．

[*11] 2006年現在，169ヵ国が条約にワシントン条約に加盟している．

第6章　国際条約による生物多様性の保全

　ワシントン条約は，付属書Ⅰ，付属書Ⅱ，付属書Ⅲという3つのレベルで絶滅のおそれのある野生動植物をリストアップしている（第2条）．付属書Ⅰは，絶滅のおそれのある野生動植物のうち取引によって影響を受ける可能性のあるものであり，商業的取引は禁止される．学術目的であっても，輸出国と輸入国の許可書がなければ取引はできない．付属書Ⅱは，取引を規制しなければ絶滅のおそれのある種となるかもしれない野生動植物であり，輸出国の管理当局の輸出許可書がなければ輸入することができない．付属書Ⅰに掲載された種であっても，人工的に繁殖させた個体は付属書Ⅱと同様の扱いとなる．付属書Ⅲは，加盟国が自国の動植物の保護のため，他の加盟国に輸出規制への協力を求める種であり，規制は付属書Ⅱと同じ扱いとなっている．付属書Ⅰ，付属書Ⅱへのリストアップ，あるいはリストダウンには，締約国会議において投票数の3分の2の賛成を得る必要があるが，付属書Ⅲは加盟国から条約事務局への申告のみでリストアップすることができる．

　ワシントン条約は，絶滅のおそれのある野生動植物の保護を目的としているため，基本的には保存型自然保護の条約だが，1990年代になると野生生物の持続可能な利用を求める開発途上国の主張が強くなっている．

　アフリカゾウを例に挙げると，東アフリカ諸国のアフリカゾウは，密猟などによって絶滅のおそれのある状態となり，象牙の取引を規制する必要が生じたことから，1989年にスイスのローザンヌで開催された第7回締約国会議において，すべてのアフリカゾウが付属書Ⅱから付属書Ⅰにリストアップされた．しかし，南アフリカ諸国（ジンバブエ，ナミビア，ボツワナ）は，アフリカゾウによる農業被害と野生生物保護管理のための資金源不足に悩み，管理された象牙の輸出を求めてきた．そこで，1997年にジンバブエで開催された第10回締約国会議において，南アフリカ諸国のアフリカゾウを付属書Ⅰから付属書Ⅱに移行することが決まり，日本への象牙の輸出が行われた．

　日本は，1980年にワシントン条約を批准したが，条約でリストアップされた野生動植物の規制を留保したため，国際的な批判を浴びてきた．たとえば，ベッコウの原料となるタイマイについては，ベッコウ業界保護のため，1994年まで規制を留保していた．また，ワシントン条約の国内法である種の保存法では，クジラ

類及びツキノワグマの流通が規制されていない．アジアクロクマは付属書Iにリストアップされているが，ツキノワグマの熊の胆の流通が国内で規制されていないために，アジアクロクマの違法な輸入を規制することが難しい状況を作り出している．

4. ボン条約

正式名称は「移動性の野生動物種の保護に関する条約」だが，1979年に旧西ドイツの首都ボンで調印されたことからボン条約[*12]，または英名の略称をとってCMS（Convention on Migratory Species）と呼ばれる．1983年に発効後，すでに20年以上を経過しているが，日本はいまだに加盟していない．

ボン条約における，「移動性の野生動物種」とは，「一つ以上の国境を超えて定期的に移動する野生動物のすべての個体群又は地理的に隔離された個体群又はその下位の分類群」を指している（第1条）．ペリカンとアザラシを組み合わせたエンブレムに象徴されるように，ボン条約は渡り鳥や海生哺乳類などの国境を越えて移動するすべての動物種を保護の対象としている．

加盟国は，一般的に移動性の野生動物種を絶滅に追いやることがないようにする義務を負うとともに，以下に説明する付属書Iの動物群を緊急に保護し，付属書IIの動物群に関しては保全・管理のための協定を推進することが求められる．

付属書Iはすべてのあるいは大部分の生息域において絶滅のおそれのある移動性の野生動物種であり，加盟国はその個体群の維持，生息地の保護管理を求められる．付属書Iには，ザトウクジラ，タンチョウヅル，アオウミガメなどがリストアップされている．

付属書IIには保全状態が好ましくないため国際協力によって保全すべき移動性の野生動物種，具体的には，ジュゴン，ケープペンギン，ジンベイザメなどがリストアップされている．付属書IIにリストアップされた動物種に関しては，関係国が協定（Agreement）あるいは覚書（Memoranda of Understanding）を交わ

[*12] 2007年現在，101カ国が加盟しているが，日本はまだ批准していない．

して，生息調査や保全研究をすすめることが奨励される．協定としてはヨーロッパのコウモリ類やワッデン海のアザラシ，覚書としてはインド洋・東南アジアのウミガメ類，また，ジュゴンに関するイニシアチブなどが採択されている．これらの協定や覚書等には，加盟国以外の関係国も参加することができる．

このようにボン条約は，保存型自然保護を志向した付属書Ⅰと，保全型自然保護を志向した付属書Ⅱの二重構造になっているのが特徴であり，この条約の柔軟性を示している．

日本が未加盟である理由の一つに，ボン条約がクジラ類やウミガメ類などを付属書Ⅰにリストアップしているためといわれている．また，渡り鳥に関しては日本と米国，ロシア，中国，オーストラリアとの間にそれぞれ二国間協定を結んでいるため，多国間条約に加盟する必要はないからだともいわれる．しかし，最も大きな理由は，この条約が日本国内ではほとんど知られていないためであろう．ボン条約に関しては，唯一IUCN日本委員会が，関連文書を日本語に翻訳し紹介している[13]．

Ⅱ 生物多様性の持続可能な利用と利益の公正な配分〜1990年代の国際条約

1992年に地球サミットで採択された生物多様性条約は，持続可能な利用を原則とし，1970年代の条約のようなリスト主義[14]をとっていないことが特徴である．また，生物資源とりわけ遺伝資源について締約国の主権的権利を明記している点も，1970年代の条約が人類共有の財産[15]を強調していることと対比される．さらに生物多様性条約は，遺伝資源から生じる利益の公正な配分を原則の一つにあげ

---

[13] IUCN日本委員会のボン条約サイト（http://www.iucn.jp/protection/species/cms.html）
[14] 生物多様性条約草案には，保全上重要な地域をグローバルリストに登録し保全するオーストラリアの提案が盛り込まれていたが，1992年にナイロビで開催された生物多様性条約準備会合において，開発途上国の反対によって削除された．
[15] 生物多様性条約草案には，生物多様性は人類の共有財産であると記されていたが，開発途上国の反対により削除され，代わりに遺伝資源の主権的権利が明記された．

ていることからもわかるように，先進国と開発途上国の貧富の格差を縮めて，貧困の解消を通じた環境問題の解決を目標としている点が，1970年代の国際条約との大きな違いである．

1. 生物多様性条約

　生物多様性条約（正式名称：生物の多様性に関する条約）は，1992年の環境と開発に関する国連会議（地球サミット）において，150カ国の国々によって調印*16された．

　生物多様性条約制定のきっかけは，1980年にIUCN，WWF，UNEP（国連環境計画）が発表した『世界環境保全戦略（World Conservation Strategy）』において，遺伝子資源の保全にとって，生息域内保全（自然の生息地における保全）と生息域外保全（動植物園における保全）の両方が重要であることを示したことに始まる．1982年にインドネシアのバリ島で開かれた第3回世界公園会議では，「野

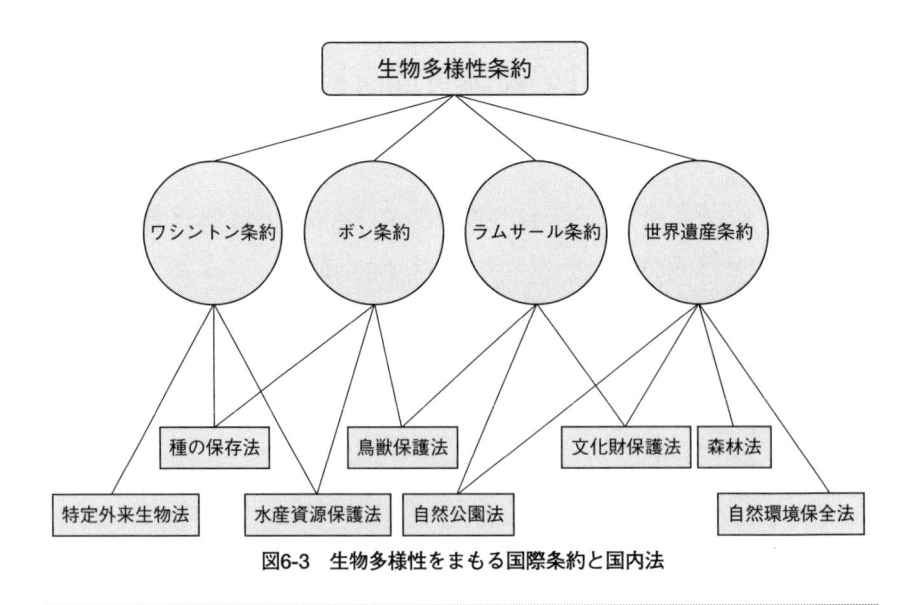

図6-3　生物多様性をまもる国際条約と国内法

---

*16 2007年現在，190カ国が加盟している．

生の遺伝資源を将来に向けて保護するための世界条約の採択」が決議され，1984年にスペインのマドリッドで開かれたIUCN総会で生物多様性条約の制定が決議された．これを受けて，1988年からUNEPにおいて生物多様性条約の草案づくりが始まったが，1991年の生物多様性条約準備会合では先進国と開発途上国の食い違いが目立ち，1992年に採択された条約案には開発途上国の意見が色濃く盛り込まれた．

　生物多様性条約の目的は，①生物多様性の保全，②生物多様性の構成要素の持続可能な利用，③遺伝資源の利用から生じる利益の公正で衡平な配分の3つであり，その目的を達成するために，①遺伝資源取得の機会提供，②遺伝資源関連技術の適当な移転，③適当な資金供与を掲げている（第1条）．とくに遺伝資源の利益の配分や遺伝資源関連技術の移転・資金供与は，開発途上国の強い要望によって入れられたものだ．生物多様性条約のエンブレムは，遺伝資源をイメージさせるような，栽培植物の3枚の葉をかたどったものである．

　生物多様性条約の加盟国は，自国の資源を環境政策に従って開発する主権的権利を有すると同時に，自国の活動が他国の環境やいずれの国にも属さない区域（公海と南極）の環境を害さない義務を有する（第3条）．「環境政策に従って」という条件付きながら，自国の生物資源を開発する主権的権利を認めたことは重要な意味を持っている．もし開発途上国が，環境政策に従った上で熱帯林を伐採するのだといえば，先進国がそれを止めることはできないということを意味しているからである．

　保全と持続可能な利用に関しては，いくつかの原則が定められている．第7条には生物多様性の構成要素であって，緊急な保護を必要とする生態系や生物種を特定し監視すること，第8条には保護地域の設定などを通じた生物多様性の生息域内保全措置，第9条には動植物園などで繁殖した生物種の再導入などの生息域外保全措置，第10条には生物資源の持続的利用を自国の政策に位置づけることなどが盛り込まれている．また，これらを実現するための，奨励措置（第11条），研究訓練（第12条），教育啓発（第13条），環境影響評価（第14条）が必要であることが述べられている．第8条の生息域内保全のh項には，「生態系，生息地若しくは種を脅かす外来種の導入を防止し又はそのような外来種を制御し若しくは撲滅するこ

と」という外来種条項があり，2004年国会では，生物多様性条約第8条h項を根拠として，特定外来生物法が採択された（第5章参照）．

遺伝資源の利益の配分に関しては，第15条（遺伝資源の取得の機会）で，「各国は自国の天然資源に対して主権的権利を有する」と認めつつ，「他の締約国が遺伝資源を環境上適正に利用するために取得することを容易にするよう条件を整える」として，生物資源を有する国と利用する国の両方に利益のある方法で，生物資源を利用することを求めている．また，第16条（技術の取得の機会及び移転）では，「生物多様性の保全及び持続可能な利用に関連のある技術又は環境に著しい影響を与えることなく遺伝資源を利用する技術について，他の締約国に対する取得の機会の提供及び移転を円滑なものにする」と開発途上国の要望を盛り込んでいる．一方で，「特許権その他の知的所有権によって保護される技術の取得の機会の提供及び移転については，当該知的所有権の十分かつ有効な保護を承認し及びそのような保護と両立する条件で行う」と先進国への配慮も忘れてはいない．しかし，自国のバイオテクノロジー産業への影響を懸念する米国は，地球サミットにおいて生物多様性条約に調印せず，その後クリントン大統領時代に調印はしたものの，いまだに米議会で批准されていない．

生物多様性条約の締約国会議は，2年ごとに開催されている．2002年にオランダのハーグで開催された第6回締約国会議では，「遺伝資源利用から得られる利益の公平な配分に関する任意のガイドライン（ボンガイドライン）」が採択され，遺伝資源を利用する国は，遺伝資源を保有する国に対して，地域住民の参加のもとに事前の了解を得てから利用すべきであり，研究の貢献度に応じて知的所有権を共同保有したり，商業的利益を地元に還元すべきである[*17]ということが言われ始めている．

また，第6回締約国会議では，「2010年までに生物多様性の減少速度を顕著に減少させる」という目標も採択された．また，2004年にマレーシアのクアラルンプールで開催された第7回締約国会議では，「2010年までに陸上の，2012年までに海洋の保護地域のネットワークを構築する」という目標が採択された．この目標が

[*17] 生物多様性条約の趣旨に反して，資源国の資源を勝手に持ち出したり，利益を資源国に還元しない行為は，バイオパイラシー（生物資源海賊）と呼ばれ，批判されている．

期限を迎える2010年には，第10回締約国会議が日本において開催される予定であり，日本の生物多様性保全への取り組みが国際的な注目を集めることは間違いない．

2. 生物多様性国家戦略

生物多様性条約は，第6条（保全及び持続的な利用のための一般的措置）で，「生物の多様性の保全及び持続可能な利用を目的とする国家的な戦略若しくは計画を作成し，又は当該目的のため，既存の戦略若しくは計画を調整する」ことを求めている．

これを受けて，1995年に環境庁が生物多様性国家戦略をまとめたが，建設省や農水省などに比べ力が弱かったため，各省の計画をそのままホチキスでとめただけという厳しい評価を受けた．2001年に庁から省に昇格した環境省は，生物多様性国家戦略の見直しに着手し，2002年に新・生物多様性国家戦略を閣議決定した．

新・生物多様性国家戦略は，第1部「生物多様性の現状と課題」の中で，現代の日本における生物多様性の危機を，第1の危機（開発による生息地破壊などによる危機），第2の危機（農山村から人口が減少することによる二次的自然の危機），第3の危機（外来種や化学物質など近年問題が顕在化してきた危機）の3つに分け，それぞれに対する対策の必要性を訴えている．

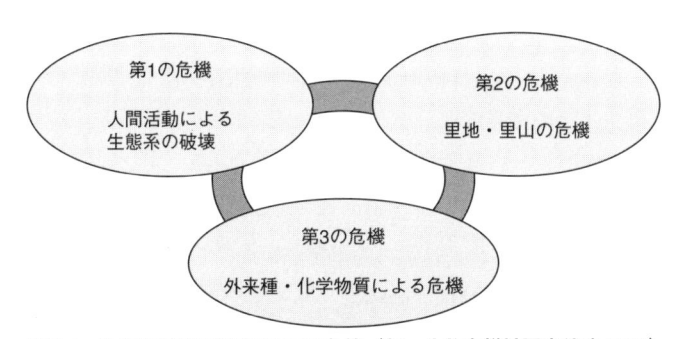

図6-4 生物多様性に対する3つの危機（新・生物多様性国家戦略 2002）

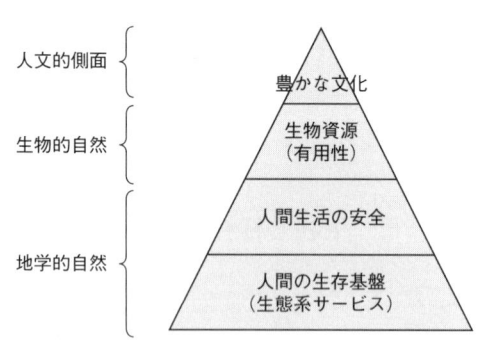

図6-5 生物多様性の5つの理念と目標（新・生物多様性国家戦略 2002）

　第2部「生物多様性の保全及び持続可能な利用の理念と目標」の中で，まず5つの理念として，①人間生存の基盤，②安全性の基礎，③有用性の源泉，④豊かな文化の根源，⑤予防的順応的態度の5つを挙げ，次に3つの目標として，①長い歴史の中で育まれた地域に固有の動植物や生態系などの生物多様性を地域の空間特性に応じて適切に保全する，②わが国に生息・生育する種に絶滅のおそれが新たに生じないようにすると同時に，現に絶滅の危機に瀕した種の回復を図る，③将来の世代のニーズに応えられるよう生物多様性の減少をもたらさない持続可能な方法によって国土利用や自然資源利用を行う，の3つを掲げるとともに，生物多様性の視点から見た国土のグランドデザインの重要性を訴えている．

　第3部「生物多様性の保全及び持続可能な利用の基本方針」では，これを受けて生物多様性から見た国土の構造的把握として，①奥山自然地域，②里地里山等中間地域，③都市地域，④河川・湿原等水系，⑤海岸・浅海域・海洋，⑥島嶼地域の6つを挙げて，それぞれの生態系ごとに保全，持続的利用，自然再生の方向性を示している．具体的には，「里地里山の保全と持続的な利用」，「湿原・干潟等湿地の保全」，「野生生物の保護管理」などの方針が述べられているが，注目すべきは「自然の再生・修復」という方針であり，これに基づいて，2002年臨時国会で「自然再生推進法」が採択され，北海道の釧路湿原から沖縄の石西礁湖まで全国各地で自然再生協議会が生まれ，自然再生事業が始まっている（第5章参照）．

　このように新・生物多様性国家戦略は，わが国の環境政策を大きく前進させ，国内法体系にも大きな影響を与えた．2002年に改正された「自然公園法」，「鳥獣

保護法」には，生物多様性の維持という項目が盛り込まれた．2003年には生物多様性条約のカルタヘナ議定書（遺伝子組み換え作物の使用に伴う安全＝バイオセイフティー）に対応するための「遺伝子組み換え作物等の使用等の規制による生物多様性の確保に関する法律（カルタヘナ国内法）」，2004年には生物多様性条約第8条h項に対応する「特定外来生物法」などが整備された（第5章参照）．

一方で，新・生物多様性国家戦略にも問題が残されている．たとえば，①生物多様性条約が2010年を目標に掲げているにもかかわらず，生物多様性国家戦略には数値目標や達成年次が示されていない，②湿原・干潟等についてはラムサール登録湿地の増加など前進があったが，浅海域・海洋に関しては保全や持続可能な利用が達成されていない，などが大きな問題であろう．また，英国などは，国家戦略よりも国内の地域行動計画を重視して，地域から生物多様性を保全し復元しているが，日本ではまだ都道府県レベルで生物多様性戦略を作った例はなく，ようやく千葉県が2007年の策定をめざしているところだ．

生物多様性条約は，加盟国の国内法や国家戦略レベルで，さらに地方自治体の条例や行動計画レベルで具体化されないと，保全や持続可能な利用を実現することができない．今後の地域的な取り組みが重要となってくるだろう．

3. ミレニアム生態系評価

2000年，国連のアナン事務総長は，21世紀を迎えるにあたって，世界の生物多様性が過去50〜100年間にどのような影響を受け，今後の50年間にどのように変化するかという評価を行うことを提案した．これは同年に世界189カ国の首相が集まって開催された，国連ミレニアムサミットにおいて採択された「国連ミレニアム開発目標」の達成には必要不可欠な情報であった．

この呼びかけを受けて，世界の95カ国から1360人の自然科学・社会科学の研究者と，生物多様性条約，砂漠化防止条約，ラムサール条約，ボン条約の4つの条約事務局が参加して，ミレニアム生態系評価（Millennium Ecosystem Assessment : MA）が実施された．その結果は，2005年に総合評価報告書，技術評価報告書などの報告書としてまとめられている．

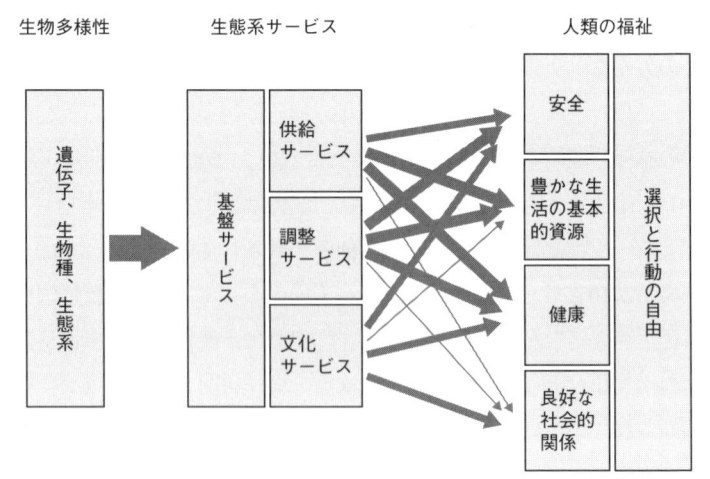

図6-6 ミレニアム生態系評価における生物多様性，生態系サービス，人類の福祉関係（太い線は強い関係があることを示す）

図6-7 生態系サービスの3つのタイプ

　ミレニアム生態系評価では，生物多様性のめぐみは，生態系サービスという形をとって，人類の福祉に影響を与えるというモデルが示されている（図6-6）．そのうち，供給サービスは食料，燃料，水など人類の生活に必要不可欠な物質，調

整サービスは森林のもつ水源涵養，土砂流出防備，気候緩和などの機能，文化サービスは伝統的文化，レクリエーション，エコツーリズムなどに関するものであり，これらは生態系そのものが持つ基盤サービスの上に成り立っている（図6-7）．

　生物多様性の喪失はかけがえのない人類の財産の喪失だといってもピンと来ない人も多いだろうが，生物多様性の減少が生態系サービスの低下につながり，ひいては人類の福祉の低下につながるという説明を聞けば，なるほどと納得させられる．

　ミレニアム生態系評価では，13の生態系タイプごとに，過去50～100年間の生態系の改変要因を分析し，今後50年間の生態系サービスの傾向を予測した（図6-8）．過去50～100年間の生態系への影響の強度はコラムの濃淡（影響が強いほど濃い色で示される）で示され，今後50年間の生態系サービスの傾向はコラム内の矢印（上向きの矢印が最も将来の影響が強い）で示されている．

　これを見ると，過去50～100年間に強い改変を受けた生態系は，熱帯林・温帯草原・陸水域・沿岸域（原因は生息地改変），島嶼（侵略的外来種），海洋（過剰利用）などであり，今後50年間にはすべての生態系で気候変動，外来種，環

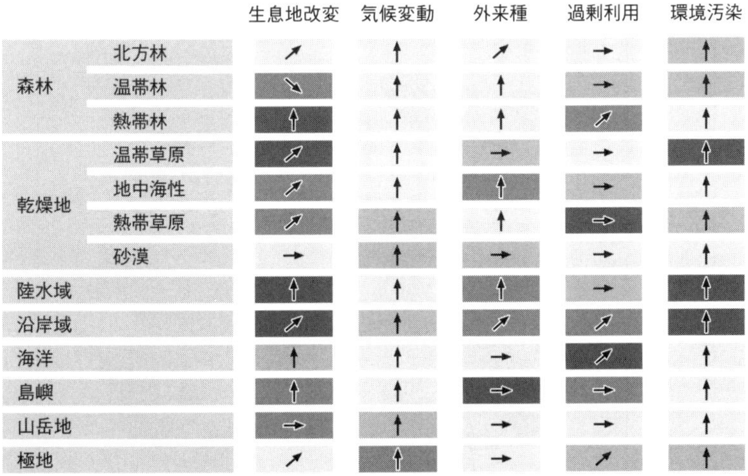

図6-8　ミレニアム生態系評価による過去の改変要因評価（コラム）と将来の動向予測（矢印）

境汚染（富栄養化を含む）が大きな影響要因となると予測されている．このような予測に対して，人類はどのような対処が可能だろうか？

ミレニアム生態系評価に参加した社会学者は，西暦2050年の世界について，4つのシナリオを想定して，それぞれのシナリオごとに生態系サービスの変化を予測している．4つのシナリオは，世界がグローバル化するか地域化するか，生態系管理が予防的にできるか対処的（事後処理的）にとどまるかの二つの軸によって4つの次元に区分されたシナリオである（図6-9）．

簡単に説明すると，国際協力によって少しでも環境問題の影響を緩和し，途上国の貧困を解決しようとするのが「国際協調シナリオ」，自分の国さえよければいいという姿勢で，南北の格差を広げて行くのが「力による秩序シナリオ」である．気候変動に関して言えば，ヨーロッパや日本は前者，米国は後者のシナリ

図6-9　ミレニアム生態系評価における4つの未来選択シナリオ

オを選択している．

　環境問題に予防的に対処できるようになれば，テクノロジーの開発と技術移転によって環境問題を解決する「テクノガーデン」，流域生態系における自給自足をめざす「順応的モザイク」の2つのシナリオが考えられる．このシナリオの名前は，あまりに直訳的すぎて意味がわかりにくい．だが，国立環境研究所地球環境研究センターの西岡秀三氏がわかりやすい名前を提示している．テクノガーデンはドラえもんのポケットから出てくるような未来技術に期待する「ドラえもん型未来選択」，順応的モザイクは昭和30年代頃まで日本のどこにでも見られた里山の循環型社会を指向した「サツキとメイ型未来選択」である．これなら日本の読者にも，すぐにピンとくるだろう．

　環境問題に関しては，多くの途上国は日本に対して，ハイブリッドカーや燃料電池自動車のような先進技術による解決を期待していると思うが，あえて日本は「サツキとメイ型未来選択」を選択すべきだと主張したい．国際協調シナリオやテクノガーデンシナリオを通じた国際協力ももちろん重要ではあるが，数百年に及ぶ里山の循環型社会の経験を有するわが国は，流域圏内の地産地消・エネルギー需給を通じた農村と都市のつながりの回復などによって，生物多様性の保全と地球温暖化防止に貢献すべきである．実際，ミレニアム生態系評価でも，テクノガーデンが即効性があるが，2050年には順応的モザイクがすべての生態系サービスにおいて先進国でも途上国でもサービスの向上が見られるシナリオと評価されている．

　2007年に中央環境審議会がまとめ閣議決定された「21世紀環境立国戦略」においても，理想的な自然共生型社会である里山を"SATOYAMAイニシアチブ"と名づけて，持続可能な社会の日本モデルとして世界にアピールしようという提案が盛り込まれている．2008年の洞爺湖サミットや2010年の生物多様性条約締約国会議（名古屋）では，里山をモデルとした自然共生型社会，循環型社会の実現が議論されることが期待されている．

最終章
地球の上でよりよく生きるには
～環境倫理

　「生態学」とは何かと問われれば,「生物とそれをとりまく環境との相互関係を学ぶ生物学の一分野」というのが正解であろう．しかし，生態学の原語である「エコロジー」は，1970年代の環境運動のスローガンとして使われて以来,「環境に配慮したくらし」などの意味で使われることが多くなっている．私自身，学生時代は，生態学を学べば，地球の上で人類がどう生きるべきかがわかるのではないかと思っていた．しかし，人類の生きるべき道を知るには，生態学だけでなく社会学的な知識も必要になる．最終章では，これまで学んできた生態学や社会学の知識をもとに，私たちが地球上に生存し続けて行くためにはどのように生きればよいかを考えてみたい．

Ⅰ 地球の上でよりよく生きるには

1. 限りある地球

　地球の資源が限りあるものであり，人類がいつまでも資源を浪費し続けることはできないということをいち早く指摘したのは，米国の経済学者ケネス・ボールディングである．1966年に彼は講演の中で，資源の枯渇を考えることがなかった西部開拓時代のような経済を「カウボーイ経済」と呼び，それに対して宇宙船のような閉鎖空間では水も食料も有限であり，また，廃棄物も循環利用しないかぎり蓄積してしまう．私たちは，地球という宇宙船に同乗した宇宙飛行士のようなものであり，限りある資源を枯渇しないように利用し，廃棄物もできる限り循環利用する「宇宙飛行士経済」に転換すべきであると説いた．

　1972年にストックホルムで開催された国連人間環境会議にむけて，バーバラ・ウォードとルネ・デュボスによって書かれた「かけがえのない地球（Only One Earth）」が会議のスローガンになり，この中で「宇宙船地球号（Spaceship Earth）」や「地球規模で考え，足元から行動する（Think Globally and Act Locally）」という言葉が広く使われるようになった．また，1972年にローマクラブが，マサチューセッツ工科大学のデニス・メドウズに地球の将来予測を依頼してまとめした『成長の限界（Limit to Growth）』は，このまま人口増加，環境破壊が続けば，成長の限界が訪れるという警告を発した．ドネラ・メドウズとデニス・メドウズは，1992年，2004年にも『成長の限界』の続編というべき本を書いているが，未来予測は年々厳しいものになっている．

2. 持続可能な開発・持続可能な社会

　限りある地球の資源を枯渇しないように利用して生きて行くには，生物資源であれば元本に手をつけずに利子のみを利用する，非生物資源であれば枯渇しないように節約したり再利用するという方法をとらざるを得ない．それが「持続可能

な利用」とか「賢明な利用」という資源利用のあり方であり，そのような人類の生き方を「持続可能な社会」と呼ぶことができる．

　1980年にIUCN，WWF，UNEPが出版した『世界環境保全戦略（World Conservation Strategy）』は，そのような人類の生き方を「持続可能な開発（Sustainable Development）」という言葉で表現している．1987年にノルウェーの女性首相ブルントラントが議長を務めた環境と開発に関する世界委員会（ブルントラント委員会）は，その報告書『地球の未来を守るために（Our Common Future）』の中で，「持続可能な開発」を「将来の世代のニーズを満たす能力を損なうことなく，現代の世代のニーズを満たすような開発」と定義している．1992年の地球サミットでは，「持続可能な開発」が主要なテーマとなり，2002年のヨハネスブルグサミットでは，小泉首相の提案で「持続可能な開発のための教育（Education for Sustainable Development）」を推進することになったのだが，日本における認知度はあまり高まっていない．

　「持続可能な開発」は，限りある地球の上で人類が生き続けてゆくための重要な原則なのだが，「開発」という言葉が「自然保護」と対立する言葉であり，「持続可能な開発のための教育（ESD）」と「自然保護教育」は別ものという認識がぬぐえない．また，日本国内においては，過剰な「開発」が問題となっているために，「開発のための教育」というのは，開発途上国における教育，あるいは途上国支援のための教育であるという認識も多い．国内では，1992年の「新・世界環境保全戦略（Caring for the Earth）」で使われている「持続可能なくらし（Sustainable Living）」や「持続可能な社会（Sustainable Society）」のほうが，「私たち自らが生活態度を改めなくてはならない」というメッセージが伝わるかもしれない．

Ⅱ 地球の上でくらし続けるための環境倫理

　では，地球の上で持続的にくらし続けて行くためには，どのような原則があるのだろうか？　現在，国連や国際会議で議論されているさまざまな原則を，「世代

内倫理」,「世代間倫理」,「生物間倫理」の3つに整理してみよう．

1. 世代内倫理

　西暦1年には1億人，西暦1000年には2億人だった人口は，産業革命を機に急速に増加し，1900年には15億人になり，現在は65億人に達している．国連人口基金（UNFPA）によれば，2050年には世界の人口は91億人を突破すると予想されている．スタンフォード大学教授のポール・エーリックは，1968年に『人口爆弾（Population Bomb）』を著して，環境問題における人口問題の重要性を強調した．しかし，1972年の国連人間環境会議においては，中国をはじめとする開発途上国からは，先進国による途上国への不当な干渉であると受けとられた．その後，中国では一人っ子政策など人口抑制策がとられるようになったが，12.6億人という世界最大の人口を有している．2050年には，現在は9.9億人で第2位のインドが15億人を超える世界最大の人口国になると予想されている．

　一人の女性が一生の間に生む子どもの数を，「合計特殊出生率（しゅっしょうりつ）」と呼ぶ．合計特殊出生率が，2.08を下回ると人口が自然減に転ずるが，日本の合計特殊出生率は現在1.25まで減少している．一方で開発途上国の合計特殊出生率は高い．たとえばタンザニアの合計特殊出生率は4.63であるが，同時に妊産婦死亡率は1500人／10万人，乳児死亡率は104人／1000人と妊産婦や乳児の死亡率も高い．保健・医療や教育が不十分であるがゆえに，多くの子どもを産まざるを得ないのである．また，タンザニアの避妊実施率は17％，HIV感染率（女性）は7％にのぼる．この数字に見るように，保健・医療や教育の不足が，望まない妊娠やHIV／エイズの蔓延を招いているのである．

　1994年にエジプトのカイロで開かれた国連人口開発会議（カイロ会議）では，人口問題と環境問題は互いに関連しており，女性の教育と保健・医療を改善しない限り，人口問題も環境問題も解決しないという合意に達し，「リプロダクティブ・ヘルス・アンド・ライツ（性と生殖に関する健康と権利）」が基本的人権であるということが確認された．2000年に世界189ヵ国の首相が集まった「国連ミレニアムサミット」では，「国連ミレニアム開発目標（MDGs）」が採択され，2015

年を期限として「極度の貧困と飢餓の撲滅」,「妊産婦の健康改善や幼児の死亡率の低減」,「HIV／エイズの蔓延防止」などが目標に掲げられている.

国連世界食糧計画（WFP）[*1]によれば，世界では8億5400万人の人が飢餓状態にある．WFPのハンガーマップ（飢餓地域地図）を見ると，サハラ以南のアフリカに飢餓が集中しており，コンゴ民主共和国では3640万人（人口の73％），ソマリアでは600万人（人口の71％）が飢餓人口である.

これを見ると，人口増加によってひきおこされる最大の問題は食糧問題であると思う人が多いことだろう．だが，国連食糧農業機関（FAO）の予測によれば，1999年の世界の穀物供給は18.9億トン（需要は18.6億トン）に対して，2030年の供給は28.4億トン（需要は28.3億トン）となる見通しであり，世界全体で82.7億人になると予想される人口を養うのに十分な食糧[*2]を生産することができる．にもかかわらず，開発途上国が飢餓に苦しむのは，穀物の40％が家畜の飼料にまわされているためである.

日本の食料自給率はわずか40％であり，多くの穀物と肉類を輸入しているが，これらを育てるためには生産国に降った水が使われる．小麦1kgを生産するには4t以上の水が，肉類であればその数倍から数十倍の水資源が必要であると推定され，このような食料という形で輸入している水資源をバーチャル・ウォーターと呼んでいる．日本が食料として輸入しているバーチャル・ウォーターは，年間1000億トンに上ると推測され，これは国内での水資源消費量の890億トンを上まわる．日本のように，飽食による肥満対策や大量の食物廃棄をしている国がある一方で，8億人以上の人々が飢餓に苦しむという世代内の不公平を解決しない限り，環境問題の解決も難しい.

2. 世代間倫理

気候変動に関する政府間パネル（IPCC）によれば，産業革命前は280ppmであ

[*1] WFPは，80カ国にすむ1.1億人に510万トンの食糧支援を行っている.
[*2] 開発途上国に限定すると，2030年には穀物供給16.5億トンに対して，穀物需要は19.2億トンとなり，開発途上国の穀物供給のみでは人口を支えることはできないと予測される.

ったCO$_2$濃度は，人間活動によって2000年には370ppmとなり，2010年には1000ppmを超える可能性もある．CO$_2$をはじめとする温室効果ガスによって，2100年には地球の平均気温は3.6℃±2.2℃上昇し，海面は最大88cm上昇すると予測されている．温室効果ガスによる気候変動は，地球の平均気温上昇だけではなく，極地の氷雪・氷河の後退，地域的な集中豪雨や旱魃など，さまざまな現象となって現れる．

その結果，将来の世代をとりまく環境は，さまざまな影響を受けることになる．

まず大きな影響を受けるのは農業生産である．日照や降雨のパターンが変化することにより，米や麦などの主要な穀物の収穫が減少すれば，食料価格が高騰するおそれがある．日本のように食料自給率が低い国は大きな影響を受けるが，それ以上に開発途上国では食糧難のために飢餓人口がさらに増加するおそれがある．また，病気を媒介する昆虫の分布が北上することによって，マラリア，デング熱，西ナイルウィルスなどの熱帯性の病気が，温帯にまで広がるおそれもある．

また，自然生態系への影響も計り知れない．ブナのように寿命が長く，移動することができない植物は，50年ほどの短期的な気候変動に適応して分布を変えることができない．仮に，平均気温が3.6℃上昇した場合，ブナ林の分布は約90%減少すると予想されている．高山植物の場合は，これ以上，高標高地に移動することができないため，絶滅するものが出てくる．サンゴ礁の場合は，水温が1℃上昇するだけでも，サンゴに共生している褐虫藻が逃げ出して，白化現象をおこすおそれがある．

太平洋，インド洋，大西洋は，南極海を通じてつながっている．南極海から流れてきた冷たい海水と赤道付近で温められた海水は，海洋大循環[*3]と呼ばれるベルトコンベアーのような流れにのって循環し，地球の気候を安定に保つ働きをしているといわれる．3℃以上の気温上昇が起こると，グリーンランドの氷が融解するため，メキシコ湾からの暖流が冷やされて深層に沈む海洋大循環の原動力が失われ，北半球の気候が大きく変動するおそれもある．

日本のCO$_2$排出量は，米国，中国，ロシアに次いで世界第4位（全世界のCO$_2$排

[*3] 『デイ・アフター・トゥモロー』は，海洋大循環の停止によって北米が寒冷化するという仮定に基づいた映画である．

出量の6.4％）である．京都議定書では，1990年のCO_2排出量を基準にして，日本は6％の削減を約束したが，2002年のCO_2排出量は1990年から8％増になってしまった．気候変動は，現代を生きる私たちの排出した温室効果ガスが，50年後の地球環境に影響を与えるという意味で，世代間の不公平の問題だということがいえる．今を生きる私たちが，削減目標を達成することができないと，次世代の人々はより不安定な地球環境にすむことを余儀なくされるのである．

3. 生物間倫理

　ここまでは，現代を生きる世代内の不公平の問題，現代と将来の世代間の不公平の問題を論じてきたが，最後に人間と地球上に生きる他の生物との不公平の問題について考えてみたい．

　46億年におよぶ地球の歴史の中で，生命が誕生したのは40億年ほど前であるといわれる．最初の生物は，熱水鉱床と呼ばれる，マグマによって熱せられた海水が噴出する煙突状のチムニーの周辺で生まれたのではないかともいわれている．いずれにしても酸素呼吸を行わない嫌気性の生物であったが，27億年ほど前には光合成を行う生物が増え，それによって生じた酸素をつかって呼吸を行う好気性の生物が生まれた．21億年ほど前に，これらの生物が互いに細胞内共生を行って，核を持たない原核生物から，核を持った真核生物が誕生した．また，核だけではなく，好気性生物であるミトコンドリアを共生させた動物，核とミトコンドリアのほかに，光合成を行う葉緑体を共生させた植物が生まれた．12億年ほど前には，細胞どうしが機能分担する多細胞生物が生まれ，複雑な体制をとることができるようになった．5.3億年ほど前には，カナダのバージェス頁岩（けつがん）にみられる生物の爆発的な進化が起こり，現在見ることができる生物門のほとんどが出そろった．その後も，2.5億年前の生物の大量絶滅，6500万年前の隕石衝突による恐竜絶滅など，さまざまな試練を経ながら現在見られる生物多様性が生まれた．重要なことは，生物種は地球環境の変化にあわせて進化を遂げつつも，一度たりとも途切れることなく，生命のバトンを受け継いでおり，現在見られる生物は，人間を含めてすべて40億年ほど前に誕生した生命の子孫であるということだ．

類人猿から分かれて進化した最初の人類は，約440万年前のアルディピテクス・ラミダス（最近の研究では約700万年前のサヘラントロプス・チャデンシス）といわれる．現生人類（ホモ・サピエンス）が誕生したのは，ミトコンドリアDNAの変異の研究から約20万年前のアフリカに起源を持つといわれる．そして，現生人類が，地球上にすむ唯一の人類となったのは，3万年前にネアンデルタール人（ホモ・ネアンデルターレンシス）が絶滅した時のことだ．地球上の生命の歴史40億年を1年に縮めてみると，人類（猿人）が誕生したのは12月31日の午前8時40分ごろ，現生人類（ホモ・サピエンス）が誕生したのは午後11時33分43秒，地球上にすむ唯一の人類となったのは午後11時56分3秒である．このように地球の生命の進化の歴史の中で，最も新参者である現生人類が，生命の歴史を1年に縮めればわずか4分の間に，地球環境を大きく変化させ，地球上の他の生物を絶滅に追いやっているということに気づけば，人間はもっと地球の上で謙虚に生きるべきだと考えざるを得ないだろう．

　最初にそのような過激な主張を論文に発表したのは，米国のリン・ホワイトであった．彼は1967年に雑誌『ネイチャー』に「現代の生態学的危機の歴史的根源」という短い論文を発表した．その中で彼は，旧約聖書の創世記が「主なる神は人間を創造して，これに海の魚と空の鳥と，家畜と地のすべての獣と，地のすべての這うものを収めさせよう」と人間中心主義をとってきたことを批判し，「われわれが新しい宗教を見出さない限り，あるいはわれわれの古い宗教を考え直さない限り，これ以上科学や技術がすすんでも，それはわれわれを現在の環境の危機から助け出さないであろう」と述べた．

　これに対して，「米国の宗教上の環境責任を考えている人々は，一般に伝統的なスチュワードシップ（神の信託管理人思想）としての視点から再解釈しようとした．彼らは旧約聖書を読み直し，神は人間に自然を搾取する権利を与えていないが，保護するよう明示していると解釈した」（ナッシュ1993）．オーストラリアの哲学者のジョン・パスモアも，1974年に著した『自然に対する人間の責任』の中で，「人間の自然に対する支配は専制君主的なものであってはならず，神の代理人としての責任をもったスチュワードシップに基づくもの，それから自然を完成させるためにこれに協力するものでなくてはならない」とスチュワードシップ思想

をまとめている．

　ホワイトがキリスト教的人間中心主義を批判したのに対して，スチュワードシップ思想はキリスト教的人間中心主義に修正を加え，地球の信託管理人としての人間の責任を規定したものといえよう．現在，スチュワードシップは，宗教とは無関係に，民有地の所有者がその土地に生息する絶滅危惧種などに配慮した土地利用や手入れを行う考え方として，米国やカナダの絶滅危惧種法の施行に位置づけられている．

　キリスト教的人間中心主義の修正ではなく，「人間は自然の共同体の一員であり，他の生物に対する敬意をもって行動しなければならない」という原則を「土地倫理（Land Ethics）」という言葉を使って明確に主張したのは，1949年の『野生のうたが聞こえる（Sand County Almanac）』の著者アルド・レオポルドである（第1章参照）．レオポルドが主張した土地倫理は，土地という言葉を借りて，生態系の中で人間がどのように行動すべきかを示した最初の環境倫理思想であり，後代の思想家に大きな影響を与えた．

　1974年に『亀の島』でピューリツァー賞を受賞したゲイリー・スナイダーは，「人間は植物や動物と同様に，生態系を基礎に境界を定められた生態地域の一員である」という「生態地域主義（Eco-regionalism）」を提案している．また，スナイダーは，「植物も動物も人間と同じであり，彼らは，人間が行う政治的議論の場に参加し，発言する機会を与えられなければならない」とも主張している．このように，動植物にも発言の機会を与えるべきだという考え方は，この時期，米国の裁判所の中で少しずつ浸透しつつあった．

　米国の裁判所に，「自然の権利」という考え方を最初に持ち込んだのは，クリストファー・ストーンである．彼は，1972年に「樹木の当事者適格」という論文を著し，ウォルトディズニー社がミネラルキング渓谷に計画したリゾート開発計画に対して，シェラクラブが開発を許可したモートン内務長官を訴えた訴訟に影響を与えた．裁判そのものは敗訴[*4]であったが，ダグラス判事がこの裁判は「シェラクラブ対モートンではなく，ミネラルキング渓谷対モートンであるべきだった」

[*4] ウォルトディズニー社は，この裁判を契機に開発計画を撤回し，ミネラルキング渓谷は国立公園に編入されたため，実質的な勝訴であるともいえる．

と述べて，原告適格の自然物への拡大に道を開いた．米国の絶滅危惧種法では，動植物種を原告に加えた訴訟が数多く行われている．

　日本において，1995年に提訴された「奄美自然の権利訴訟」は，アマミノクロウサギ，ルリカケスなど，ゴルフ場開発によって影響を被る動物が原告となって提訴された最初の自然の権利訴訟である．動植物種そのものを原告とすることは許されなかったが，動植物名を本名の通称として記入することは許された．結果的には原告不適格として却下されたものの，裁判長は訴状を，「原告らの提起した『自然の権利』（人間もその一部である『自然』の内在的価値は実定法上承認されている．それゆえ，自然は，自身の固有の価値を侵害する人間に対し，その法的監査を請求する権利がある．これを実効あらしめるため，自然の保護に対して真摯であり，自然をよく知り，自然に対し幅広く深い感性を有する環境NGO等の自然保護団体や個人が，自然の名において防衛権を代位行使しうる．）という観念は人（自然人）及び法人の個人的利益の救済を念頭においた従来の現行法の枠組みのままで今後もよいのかどうかという極めて困難で，かつ，避けては通れない問題を我々に提起したということができる」という言葉で締めくくっている．奄美自然の権利訴訟は，提訴したゴルフ場開発がバブル崩壊で中止されたことも含め，ミネラルキング訴訟と同じような歴史的意味を持っている．

　「自然の権利」と「動物の権利」を混同する人，あるいは「自然の権利訴訟」を「動物裁判」と呼ぶ人がいるが，それは間違っている．「動物の権利（Animal Right）」は，家畜や愛玩動物に対する虐待に反対する運動から発展したものである．1972年にオーストラリアのピーター・シンガーが「動物の解放」の中で，「われわれの道徳的境界の拡大が必要である．もし人間（たとえば認識能力のない子どもや障害のある大人）を痛みや苦しみを伴う方法で処遇するのが悪であるなら，相手がたとえ動物であるにせよ悪である」と述べているように，人間に対する道徳観を身近な動物まで拡大しようとするものである．これに対して，「自然の権利（Right of Nature）」は，自然の内在的価値（固有の価値）を認め，その権利救済のために訴訟権を求めるものであり，レオポルドの土地倫理の系譜に属している．誤解をおそれずに言えば，「自然の権利」が生態系やその一員である動植物の権利を主張するのに対して，「動物の権利」は家畜にせよ野生動物にせよ，個体

の生命の尊重を求めるものである．そのため，本来の生態系を守るために外来種の個体を駆除しなればならないというようなケースでは，「自然の権利」と「動物の権利」が対立する場面も出てくる．ヤンバルクイナを守るためには，マングースやノネコは駆除しなければならないが，それには生命の尊厳を主張する声にはどう応えるかという解を用意しておく必要がある．

　これまでさまざまな自然保護思想を紹介してきたが，自然の内在的価値を認めることは，究極の自然保護思想であるといっていいだろう．自然の内在的価値は荒唐無稽なロマンティシズムではなく，1982年に国連総会で採択された世界自然憲章や，1992年に地球サミットで調印された生物多様性条約の前文にはっきりと書かれている．残念ながら日本の国内法には，自然の内在的価値をはっきりと記述したものはないが，今後，野生生物や生物多様性に関する基本法にぜひ盛り込むべき思想であると考えられる．

III おわりに〜知識から行動へ

　私たち人間が地球上にくらし続けて行くための原則を，世代内倫理，世代間倫理，生物間倫理の3つの環境倫理として説明してきた．しかし，環境倫理というのは知識ではなく実践であり，実際に行動に移さなければ環境問題の解決にはつながらない．そのためには何をすればいいのだろうか．それはあなた自身が考え，答えを出していただきたい．

　それを知りたいから，この本を買ったのにという人のために，ちょっとだけヒントを差し上げよう．

1. 自然保護は自然を見続けることから

　自然保護や地球環境に関する情報は，どう判断したらよいかわからないほどあふれている．それを見分ける目を持つには，自然保護や環境問題の現場を見て，自分自身の基準を作る必要がある．それには，自分のフィールドを持ち，その自然を見続けることがいちばんだ．自分で体験して，正しいと確信できることほど確実な判断基準はない．

2. 行動は無理なくできることから

地球環境を守るためにと大上段に構えてしまうと，何から実践をしたらよいかわからなくなってしまう．自分一人が行動しても，何も変わらないと思えてしまう．しかし，千里の道も一歩から始まるように，まずはエコバッグの持参，マイタンブラーの持ち歩きなど，自分が無理なくできることから始めよう．消費者の行動が変われば，企業も行動を変えざるを得なくなる．あなたの第一歩は地球を変える第一歩なのだ．

3. 仲間をふやそう

1970年代に環境保護運動が始まった頃，自然保護や地球環境のことを心配する人はごく一部だった．現在では多くの個人や企業が環境問題にかかわり始めている．しかし，その勢力が強くならないのはなぜだろう．欧米では多くの市民がなんらかのNGOの会員になっており，そのことを誇りに思っている．ところが，日本ではNGOの会員になるというのは，まだまだ敷居が高い．まず自分が一番関心を持っている問題に真剣に取り組んでいるNGOをさがして，その会員になってみよう．それによってNGOから政府への働きかけが強化され，自分自身も会報などを通じてより多くの情報を得ることができる．

（巻末に参考文献とともに環境問題に取り組む団体のリストを掲載しました）

参考文献

●第1章

ブルックス，ポール（1980）自然保護の夜明け－デビッド・ソローからレイチェル・カーソンへ（原題：Speaking for Nature）．新潮社

Holdgate, Martin（1999）Green Web－A Union for World Conservation. Earthscan.

加藤則芳（1995）森の賢者－自然保護の父ジョン・ミューア．山と渓谷社

鬼頭秀一（1996）自然保護を問い直す－環境倫理とネットワーク．ちくま新書．筑摩書房

レオポルド，アルド（1949）野生のうたが聞こえる（原題：Sand County Almanac）．講談社

日本自然保護協会（2002）自然保護NGO半世紀のあゆみ－日本自然保護協会50周年誌．平凡社

沼田眞（1994）自然保護という思想．岩波書店

タカーチ，デビッド（2006）生物多様性という名の革命．日経BP社

Van Dyke（2003）Conservation Biology, Foundations, Concepts, Applications. McGraw-Hill

ウィルソン，エドワード（1992）生命の多様性（上，下）．岩波現代文庫．岩波書店

●第2章

上山春平（1969）照葉樹林文化－日本文化の深層．中公新書．中央公論社

日本自然保護協会（1988）屋久島の自然観察．日本自然保護協会

日本自然保護協会（1997）2005年愛知万博構想を検証する－里山自然の価値と海上の森．日本自然保護協会

日本自然保護協会（2002）自然保護NGO半世紀のあゆみ－日本自然保護協会50周年誌．平凡社

大澤雅彦・田川日出夫・山極寿一（2006）世界遺産屋久島－亜熱帯の自然と生態系．朝倉書店

落合啓二（1996）森林施業がカモシカに与える影響――ハビタットの保全によせて．哺乳類科学．**36**：79—87

佐々木高明（1982）照葉樹林文化の道――ブータン・雲南から日本へ．NHKブックス．日本放送出版協会

由井正敏・鈴木祥悟（1987）森林性鳥類の群集構造解析Ⅳ　繁殖期群集の林相別生息密度．種類および多様性．山階鳥類研究所報．**19**：13－27

●第3章

平塚純一・山室真澄・石飛裕（2006）里海モク採り物語－50年前の水面下の世界．生物研究社

日本自然保護協会（1998）利根川河口堰の流域水環境に与えた影響．日本自然保護協会

日本自然保護協会（1999）長良川河口堰が自然環境に与えた影響．日本自然保護協会

日本自然保護協会（2002）河口堰の生態系への影響と河口域の保全．日本自然保護協会

日本自然保護協会（2002）自然保護NGO半世紀のあゆみ－日本自然保護協会50周年誌．平凡社

日本自然保護協会（2003）川辺川ダム計画と球磨川水系の既設ダムがその流域と八代海に与える影響．日本自然保護協会

宇野木早苗（2005）河川事業は海をどう変えたか．生物研究社

Manuel C. Molles, Jr.（2002）Ecology—Concepts and Applications. McGraw-Hill

●第4章
日本自然保護協会（2002）自然保護NGO半世紀のあゆみ－日本自然保護協会50周年誌．平凡社
宇野木早苗（2005）河川事業は海をどう変えたか．生物研究社
宇野木早苗（2006）有明海の自然と再生．築地書館
吉田正人・河内直子・仲岡雅裕（2004）市民参加による沖縄の海草藻場のモニタリング調査．保全生態学研究．**8**：119—128
吉田正人（2005）海は誰のものか？－海辺の喪失と再生．江戸川大学紀要「情報と社会」**15**：125—135
Manuel C. Molles, Jr.（2002）Ecology—Concepts and Applications. McGraw-Hill

●第5章
国際自然保護連合（1991）世界の生物多様性を守る（原題：Conserving the world biological diversity）．日本自然保護協会
国際自然保護連合（2004）2004 IUCN Red List of Threatened Speces－Global Species Assessment.
日本自然保護協会編（2003）生態学からみた野生生物の保護と法律．講談社サイエンティフィック
プリマック，リチャード（1997）保全生物学のすすめ－生物多様性保全のためのニューサイエンス．文一総合出版
プリン，アンドリュー（2004）保全生物学—生物多様性のための科学と実践．丸善
タカーチ，デビッド（2006）生物多様性という名の革命．日経BP社
ウィルソン，エドワード（1992）生命の多様性（上，下）．岩波現代文庫．岩波書店

●第6章
藤倉良（2005）生物多様性条約．地球環境条約—生成・展開と国内実施．西井正弘編．有斐閣
金子与止男（2005）ワシントン条約．地球環境条約—生成・展開と国内実施．西井正弘編．有斐閣
環境省編（2002）新生物多様性国家戦略．ぎょうせい
菰田誠（2005）ラムサール条約．地球環境条約—生成・展開と国内実施．西井正弘編．有斐閣
吉田正人（2005）世界遺産条約．地球環境条約—生成・展開と国内実施．西井正弘編．有斐閣
吉田正人（2006）世界遺産条約の現代的意義．江戸川大学紀要「情報と社会」**16**：107—121

●最終章
ゴア，アル（2007）不都合な真実（原題：An Inconvenient Truth）．ランダムハウス講談社
IPCCほか（2002）IPCC地球温暖化第三次レポート気候変化2001．中央法規出版
環境と開発に関する世界委員会（1987）地球の未来を守るために．福武書店
倉阪秀史（2003）エコロジカルな経済学．ちくま新書．筑摩書房

参考文献

国際自然保護連合（1982）世界環境保全戦略－自然と開発の調和をめざして．日本生産性本部
国際自然保護連合（1991）かけがえのない地球を大切に－新・世界環境保全戦略．小学館
メドウズ，ドネラ（1972）成長の限界－ローマクラブ人類の危機リポート．ダイヤモンド社
メドウズ，ドネラ（1992）成長の限界－限界を超えて－生きるための選択．ダイヤモンド社
メドウズ，ドネラ（2004）成長の限界－人類の選択．ダイヤモンド社
ナッシュ，ロデリク（1999）自然の権利．ちくま学芸文庫．筑摩書房

団体リスト

● 国内団体

日本自然保護協会　　日本を代表する自然保護団体　　http://www.nacsj.or.jp/
日本野鳥の会　　野鳥の保護を通じて環境を守る　　http://www.wbsj.org/
WWFジャパン　　パンダのマークで知られている　　http://www.wwf.or.jp/
国際自然保護連合日本委員会　　IUCNの国内委員会（IUCNJ）　　http://www.iucn.jp/
国立公園協会　　国立公園のことなら　　http://www.npaj.or.jp/
自然環境研究センター　　自然環境調査を専門とする　　http://www.jwrc.or.jp/
ジュゴン保護キャンペーンセンター　　http://www.sdcc.jp/
生物多様性ジャパン　　外来種問題に取り組む　　http://www.bdnj.org/
日本ウミガメ協議会　　ウミガメの保護と研究　　http://www.umigame.org/
日本環境教育フォーラム　　環境教育の指導者養成　　http://www.jeef.or.jp/
日本経団連自然保護協議会　　企業と自然保護　　http://www.keidanren.or.jp/kncf/
日本国際湿地保全連合　　湿地の調査と保全　　http://www.wi-japan.com/
日本湿地ネットワーク　　湿地を守る団体の連合体　　http://www.jawan.jp/
日本生態系協会　　ビオトープのことなら　　http://www.ecosys.or.jp/eco-japan/
日本動物園水族館協会　　動物園と自然保護　　http://www.jazga.or.jp/
野生生物保全論研究会　　野生生物の違法取引と戦う　　http://www.jwcs.org/
野生動物救護獣医師協会　　傷ついた野生動物を護る　　http://www.wrvj.org/

● 国際団体

IUCN（国際自然保護連合）　　自然保護の連合体　　http://www.iucn.org/
IUCNレッドリスト　　世界の絶滅危惧種のリスト　　http://www.iucnredlist.org/
WWFインタナショナル　　世界最大の自然保護団体　　http://www.panda.org/
コンサベーションインターナショナル　　http://www.conservation.or.jp/
UNEP国連環境計画　　生物多様性保全などに携わる　　http://www.unep.org/
気候変動IPCC　　気候変動による影響のことは　　http://www.ipcc.ch/
ミレニアム生態系評価　　世界の生物多様性の評価　　http://www.maweb.org/
生物多様性条約事務局　　生物多様性条約のことなら　　http://www.cbd.int/
ボン条約事務局　　移動性の野生動物の保護　　http://www.cms.int/
ユネスコ世界遺産センター　　世界遺産のことなら　　http://whc.unesco.org/
ラムサール条約事務局　　世界の湿地の保全　　http://www.ramsar.org/
ワシントン条約事務局　　絶滅危惧種の取引規制　　http://www.cites.org/

索　引

【あ 行】

愛知万博　89
愛知万博検討会議　39
愛知万博問題　39
青潮　75
アカゲザル　105
秋の循環　50
亜高木層　28
朝日連峰　33
足尾鉱毒事件　18
アースフィルダム　55
アーチ式ダム　54
厚岸湖　52
亜熱帯高圧帯　24
アフリカゾウ　117
アポイ岳　87
奄美自然の権利訴訟　140
アマモ　74
有明海　69
有明海ノリ不作等対策関係調査委員会　69
アルファ多様性　88

移行帯　4, 47
諫早湾　68
諫早湾干拓事業　69
市野谷の森　42
市房ダム　56
遺伝学的変動　97
遺伝子組み換え作物　86, 125
遺伝資源の利益　122
移動性の野生動物種　118

ウィルダネス　10
ウィルダネス協会　14
宇宙船地球号　132
宇宙飛行士経済　132
ウトナイ湖　112
海草藻場　66, 75
浦内川　52

エコツーリズム　90
エコトーン　47
エッジエフェクト　38, 99
エマージェントツリー　29
沿岸域　65
塩水楔　52
塩分成層　53

オオルリシジミ　31
小笠原諸島　25
尾瀬　19
尾瀬保存期成同盟　19
覚書　118
温室効果ガス　136
御嶽山　32

【か 行】

海岸法　78
海上の森　39
海跡湖　49, 51
階層構造　28
海藻藻場　66
海浜植物群落　64
回復　8
海洋大循環　136
外来種　104, 122
カウボーイ経済　132
カカドゥ国立公園　115
学術的価値　90
核心地域　4
拡大造林政策　32
確率論的要因　97
かけがえのない地球　132
下降気流　24
河口干潟　68
河口部　45
霞ヶ浦　48, 51, 61
河川　44
河川法　79
カタストロフ　97, 98
河道　47
河畔林　47
ガラパゴス国立公園　115
ガランバ国立公園　115
下流部　45
カルタヘナ議定書　125
カルタヘナ国内法　125
カルデラ湖　48
川辺川　55
川辺川ダム　55
環境影響評価　39, 121
環境サービス　90
環境主義　10, 15
環境政策大綱　60
環境と開発に関する国連会議　5
環境と開発に関する世界委員会　5, 133
環境変動　97, 98
環境倫理　141
環礁　66
岩礁　64
緩衝帯　4, 99
乾性遷移　50
乾性低木林　25
間接的利用価値　90
完全性　114
ガンマ多様性　88
管理計画　114

キーウィー　97
危機にさらされた世界遺産リスト　115
気候変動に関する政府間パネル　135
希少野生動植物種保存基本方針　100
希少野生動植物保存条例　100
汽水域　44, 51, 53
ギャップ　30
キャノピー　29
供給サービス　126
協定　118
漁業法　80
極相　30
極地荒原　24, 26
極夜　24
漁港漁場整備法　78
裾礁　66
魚類野生生物局　13
緊急指定種　101
キンクロハジロ　60
近交弱勢　97

釧路湿原　111
球磨川　55
クマタカ　57
クライマックス　30
クリーンリスト主義　105
黒部川　56
クロロフィルa　58

景観法　42
経済価値　89
珪藻　56

決定論的要因　95, 97
ゲンジボタル　86
原植生　31
原生自然　10
原生自然環境保全地域　21
現生人類　138
原生地域法　21
顕著な普遍的価値　114
賢明な利用　5, 111

コアエリア　4
合計特殊出生率　134
光合成　137
構造湖　48
高木層　28
公有水面埋立法　80
硬葉樹林　26
港湾法　78
国際希少野生動植物種　100
国際記念物遺跡会議　115
国際自然保護連合　2, 92, 110
国際水禽調査局　110
国内希少野生動植物種　101
国立公園　3, 10
国立公園法　18
国立野生生物保護区　13
国連環境計画　4
国連食糧農業機関　135
国連人口開発会議　134
国連人口基金　134
国連世界食糧計画　135
国連人間環境会議　110, 113, 116, 132, 134
国連ミレニアム開発目標　125, 134
国連ミレニアムサミット　125, 134
湖沼　44
湖沼水質保全特別措置法　61
個体群存続可能性分析　98
個体数管理　32
コリドー　37
混交林　25

【さ　行】
最少存続可能個体数　98
再生　9
細胞内共生　137
魚がのぼりやすい川づくり　106

サクセッション　30
サツキとメイ型未来選択　129
里地里山　39
砂漠化防止条約　125
砂防堤防　54
砂防ダム　54
サロマ湖　52
サンゴ礁　66, 75
三内丸山遺跡　27
三番瀬　72
三番瀬円卓会議　73
三番瀬再生計画検討会議　73

シェラクラブ　11
潮受堤防　68
シーグラスウォッチ　76
支笏湖　48
止水域　56
史跡名勝天然紀念物保存法　18
自然遺産　113
自然海岸　64
自然環境保全地域　21
自然環境保全法　21, 41, 79
自然公園法　18, 41, 79
自然再生　107
自然再生協議会　61, 107
自然再生推進法　7, 61, 107, 124
自然資源保全倫理　13
自然植生　31
自然の権利　139, 140
持続可能な開発　4, 5, 133
持続可能な開発に関する世界首脳会議　5
持続可能な開発のための教育　133
持続可能な開発のための教育の10年　5
持続可能なくらし　133
持続可能な社会　133
持続可能な利用　2, 5, 117, 121, 132
湿性遷移　50
信濃川　44
指標生物　48
至仏山　87
四万十川　52
ジャワマングース　104
ジャングサウォッチ　76
重力式ダム　54

樹冠　29, 84
種間の多様性　84
主権的権利　121
ジュゴン　76
主体－環境系　15
種内の多様性　84, 86
種の保存法　100, 102
種類名証明書の添付が必要な生物　106
循環流　53, 59
順応的管理　8
常願寺川　44
上昇気流　24
礁池　67
消費的利用価値　89
照葉樹林　27
上流部　44
常緑広葉樹林　25
礁嶺　67
植生自然度　39
植物群落　30
植物遷移　30
白神山地　27, 33
白川郷の合掌造り集落　90
知床半島　27, 34
知床100平方メートル運動　34
白馬岳　87
真核生物　137
人口学的変動　97
人口爆弾　134
新住宅市街地開発事業　39
新・生物多様性国家戦略　7, 21, 40, 123
真洞穴性生物　57
審美的価値　90
侵略的外来種　97, 104
森林生態系保護地域　21, 34, 87
森林生物遺伝資源保存林　34
森林法　40
森林・林業基本法　40

水温躍層　50, 56, 71
水源涵養保安林　33
水産資源保護法　80
水質浄化能力　69
衰退しつつある個体群　95, 97
スチュワードシップ　138
砂浜　64
スペシャリスト昆虫　85

索引

瀬 46
生産的利用価値 89
青秋林道 33
生息域外保全 7, 121
生息域内保全 7, 121
生息生育地 32
生息地等保護区 101, 102
生態系サービス 90, 126
生態系の多様性 84, 87
生態系レジームシフト 51
生態コリドー 99
生態地域主義 139
生態的価値 91
成長の限界 132
性と生殖に関する健康と権利 134
生物学的水質判定 48
生物間倫理 137, 141
生物圏保存地域 4, 33, 37
生物種の多様性 84
生物多様性 6, 84
生物多様性国家戦略 21, 123
生物多様性条約 7, 84, 119, 120, 125, 141
セイヨウオオマルハナバチ 105
政令指定 102
世界遺産委員会 115
世界遺産条約 92, 110, 112
世界遺産条約履行指針 114
世界環境保全戦略 4, 120, 133
世界公園会議 120
世界自然憲章 141
世界自然保護会議 76, 93
世界自然保護基金 4
堰 54
堰止湖 49
世代間倫理 135, 141
世代内倫理 134, 141
絶滅 93
絶滅危惧種 93, 95, 99
絶滅危惧種法 10, 102
絶滅速度 85
絶滅に瀕した水生生物 102
先駆植物 30
センス・オブ・ワンダー 16
選択の価値 91

創出 9
草本層 28

【た 行】

タイガ 26
退行遷移 31
第三者委員会 69
代償植生 31
胎生種子 67
タイワンザル 105
多極相説 30
濁度最大域 52
蛇行 45
多細胞生物 137
田沢湖 48
多自然型川づくり 60, 106
出し平ダム 56
ダーティーリスト主義 105
ダム 54
ダム湖 44
単極相説 30
湛水域 56
地域個体群 102
小さな個体群 97
地球の未来を守るために 133
治山ダム 54
着生植物 29
チャパラル 26
抽水植物 47
中流部 45
潮間帯 64
調整サービス 126
直接的利用価値 89
沈水植物 47
沈黙の春 15
ツキノワグマ 32
つる植物 29
ツンドラ 24, 26

低木層 28
手賀沼 50, 61
天災 97, 98
伝統文化的価値 90
天然記念物 3, 87
頭首工 54
島嶼生物地理モデル 38
動物群集 31
動物の権利 140

東北自然保護団体連絡協議会 33
トウモロコシ 86
特定外来生物 105, 106
特定外来生物法 7, 104, 105
特定国内希少野生動植物種 101
床固工 54
都市公園法 41
都市緑地法 42
都市林 42
途中相 31
土地倫理 14, 139
利根川 44
利根川河口域 51
利根川河口堰 51, 58
ドラえもん型未来選択 129
トランジッションゾーン 4
泥浜 64
十和田湖 48

【な 行】

内在的価値 91, 141
ナイルパーチ 92
中海・宍道湖 52, 61
長野県希少野生動植物保護条例 103
仲間川 52
長良川河口堰 51
南極圏 24

21世紀環境立国戦略 129
ニチニチソウ 91
日米沖縄特別行動委員会 75
日本学術会議 21
ニホンカモシカ 31
日本山岳会 19
日本自然保護協会 19, 21, 33, 39, 72, 87, 93
日本生態学会 21
日本野鳥の会 39, 73

ネアンデルタール人 138
ネイチャーコンサーバンシー 14
熱水鉱床 137
熱帯雨林 24, 84
熱帯低圧帯 24

ノヤギ 105

【は 行】

パイオニアプラント　30
バージェス頁岩　137
バーチャル・ウォーター　135
八郎潟　51
白化現象　75, 136
バッファーゾーン　4, 99
ハビタット　32
浜名湖　52
早池峰山　87
春の循環　49
半自然海岸　64
盤洲干潟　72

干潟　64, 65
ビクトリア湖　92
非経済価値　90
白夜　24
氷食湖　49
非利用価値　90
琵琶湖　48
貧酸素水塊　70

富栄養化　50
復元　8
復元生態学　106
淵　45
浮葉植物　47
ブルントラント委員会　5, 133
文化財保護法　18
文化サービス　127

ベータ多様性　88
ヘッチ・ヘッチーダム　11

ホイッタカーの生物多様性指数　88
保護　2, 3
保護回復計画　103
保護増殖計画　102
保護増殖事業　101
保護地域　98
保護林　34
保護林の再編・拡充について　34
堡礁　66
保全　2, 3, 11
保全型自然保護　111
保全主義　10, 12
保存　2, 3, 11
保存主義　10
北極圏　24

北方林　26
ホモ・サピエンス　138
ボンガイドライン　122
ボン条約　110, 118, 125

【ま 行】

前浜干潟　68
マングローブ　26, 67

三日月湖　49
緑の回廊　37, 99
未判定外来生物　105, 106
妙音沢　42
ミレニアム生態系評価　125

藻刈り　51

【や 行】

屋久島　28
野生生物保護管理　13
野生絶滅　93
野生のうたが聞こえる　14
ヤンバルクイナ　97

夕張岳　87

要注意外来生物リスト　106
吉野川　52
淀川水系流域委員会　60
ヨハネスブルグサミット　5

【ら 行】

落葉広葉樹林　25, 27
落葉落枝　30
ラッコ　91
ラテライト　30
ラムサール条約　5, 8, 52, 110, 125
藍藻　56

リオサミット　5
陸水　44
陸水学　44
リター　30
リプロダクティブ・ヘルス・アンド・ライツ　134
琉球諸島　25
利用価値　89
林縁効果　38, 99
林業と自然保護に関する検討委員会　34

礫浜　64
レクリエーション　90
レッドデータブック　92, 116
レッドリスト　92

ロックフィルダム　55
ローマクラブ　132

【わ 行】

ワシントン条約　92, 99, 100, 110, 116
渡良瀬遊水池　18

150

人名索引

【あ 行】
アーウィン, テリー 84
ウィルソン, エドワード 6, 38
ウォード, バーバラ 132
宇野木早苗 70
ウマーニャ, アルベルト 6
エマーソン, R.W. 10
エーリック, ポール 134

【か 行】
カーソン, レイチェル 15
吉良竜夫 21
クレメンツ 30

【さ 行】
シンガー, ピーター 140
ストーン, クリストファー 139
スナイダー, ゲイリー 139
ソロー, ヘンリー・デビット 10, 12

【た 行】
武田久吉 19
田中正造 17
田村剛 19
タンズレー 30
デュボス, ルネ 132
デ・レーケ 44

【な 行】
沼田眞 15, 33, 34

【は 行】
パスモア, ジョン 138
ピンショー, ギフォード 12
藤谷豊 34
ヘッジス, コーネリアス 10
ホルゲイト 2
ボールディング, ケネス 132
ホワイト, リン 138
本田正次 21
本多静六 9

【ま 行】
マッカーサー, ロバート 38
南方熊楠 17, 18
ミュア, ジョン 10
メドウズ, デニス 132
メドウズ, ドネラ 132

【ら 行】
ルーズベルト, セオドア 11, 12
レオポルド, アルド 12, 13, 139

欧文索引

α多様性 88
β多様性 88
γ多様性 88

Agreement 118
Alien species 104
Animal Right 140

Biodiversity 6
Biosphere Reserve 4

C型自然保護 2, 3
CMS 118
COD 57
Conservation 2, 3

Eco-regionalism 139

FAO 135

GMO 86

ICOMOS 115
Integrity 114
Invasive alien species 104
IPCC 135
IUCN 2, 92, 110, 115, 116, 120
IUPN 2
IWRB 110

Land Ethics 14, 139
Limit to Growth 132

Management Plan 114
MDGs 134
Memoranda of Understanding 118
MVP 98

National Wildlife Refuge 13

Only One Earth 132
Our Common Future 133
Outstanding Universal Value 114

P型自然保護 2, 3
Population Bomb 134
Preservation 2, 3
Protection 2, 3
PVA 98

R型自然保護 2, 7
Rehabilitation 2, 8
Restoration 2, 8
Restoration Ecology 106
Right of Nature 140

SACO 75
Spaceship Earth 132
Sustainable Development 4, 5, 133
Sustainable Living 133
Sustainable Society 133
Sustainable Use 2, 5

UNEP 4, 120
UNFPA 134

WFP 135
Wilderness Act 21
Wildlife Management 13
Wise Use 5, 111
World Conservation Strategy 4, 133
WWF 4, 120
WWFジャパン 39, 73, 93

吉田正人（よしだまさひと）
江戸川大学社会学部ライフデザイン学科教授
1956年千葉県生まれ，千葉大学理学部生物学科卒業後，日本ナチュラリスト協会，日本自然保護協会において，全国各地の自然保護問題の解決や世界遺産条約などの国際条約の推進，環境教育に携わる．
2004年より江戸川大学において，保全生態学，文化自然遺産論，環境教育などを教えている．

自然保護
その生態学と社会学

2007年11月20日　初版第1刷

著　者　吉田正人
発行者　上條　宰
発行所　株式会社地人書館
　　　　〒162-0835　東京都新宿区中町15
　　　　電話　03-3235-4422　　FAX 03-3235-8984
　　　　URL　http//www.chijinshokan.co.jp
　　　　e-mail　chijinshokan@nifty.com
　　　　郵便振替口座　00160-6-1532
印刷所　モリモト印刷
製本所　イマヰ製本

©M. YOSHIDA 2007. Printed in Japan.
ISBN978-4-8052-0790-1 C1045

JCLS〈㈱日本著作出版権管理システム委託出版物〉
本書の無断複写は著作権法上での例外を除き禁じられています．複写される場合は，その都度事前に㈱日本著作出版権管理システム（電話03-3817-5670，FAX03-3815-8199）の許諾を得てください．